Alida Nadège Thiombiano

Variabilité climatique et ressources en eau au Burkina Faso

Alida Nadège Thiombiano

Variabilité climatique et ressources en eau au Burkina Faso

Changement climatique et gestion des ressources en eau dans le bassin versant du Nakanbé

Presses Académiques Francophones

Impressum / Mentions légales

Bibliografische Information der Deutschen Nationalbibliothek: Die Deutsche Nationalbibliothek verzeichnet diese Publikation in der Deutschen Nationalbibliografie; detaillierte bibliografische Daten sind im Internet über http://dnb.d-nb.de abrufbar.
Alle in diesem Buch genannten Marken und Produktnamen unterliegen warenzeichen-, marken- oder patentrechtlichem Schutz bzw. sind Warenzeichen oder eingetragene Warenzeichen der jeweiligen Inhaber. Die Wiedergabe von Marken, Produktnamen, Gebrauchsnamen, Handelsnamen, Warenbezeichnungen u.s.w. in diesem Werk berechtigt auch ohne besondere Kennzeichnung nicht zu der Annahme, dass solche Namen im Sinne der Warenzeichen- und Markenschutzgesetzgebung als frei zu betrachten wären und daher von jedermann benutzt werden dürften.

Information bibliographique publiée par la Deutsche Nationalbibliothek: La Deutsche Nationalbibliothek inscrit cette publication à la Deutsche Nationalbibliografie; des données bibliographiques détaillées sont disponibles sur internet à l'adresse http://dnb.d-nb.de.
Toutes marques et noms de produits mentionnés dans ce livre demeurent sous la protection des marques, des marques déposées et des brevets, et sont des marques ou des marques déposées de leurs détenteurs respectifs. L'utilisation des marques, noms de produits, noms communs, noms commerciaux, descriptions de produits, etc, même sans qu'ils soient mentionnés de façon particulière dans ce livre ne signifie en aucune façon que ces noms peuvent être utilisés sans restriction à l'égard de la législation pour la protection des marques et des marques déposées et pourraient donc être utilisés par quiconque.

Coverbild / Photo de couverture: www.ingimage.com

Verlag / Editeur:
Presses Académiques Francophones
ist ein Imprint der / est une marque déposée de
AV Akademikerverlag GmbH & Co. KG
Heinrich-Böcking-Str. 6-8, 66121 Saarbrücken, Deutschland / Allemagne
Email: info@presses-academiques.com

Herstellung: siehe letzte Seite /
Impression: voir la dernière page
ISBN: 978-3-8381-7626-0

VARIABILITÉ CLIMATIQUE ET IMPACTS SUR LES RESSOURCES EN EAU AU BURKINA FASO: ÉTUDE DE CAS DU BASSIN HYDROGRAPHIQUE DU FLEUVE NAKANBÉ

THÈSE PRÉSENTÉE À LA FACULTÉ DES ÉTUDES SUPÉRIEURES ET DE LA RECHERCHE EN VUE DE L'OBTENTION DE LA MAÎTRISE EN ÉTUDES DE L'ENVIRONNEMENT

ALIDA NADÈGE THIOMBIANO

MAÎTRISE EN ÉTUDES DE L'ENVIRONNEMENT

FACULTÉ DES ÉTUDES SUPÉRIEURES ET DE LA RECHERCHE

UNIVERSITÉ DE MONCTON

Mai 2011

DÉDICACE

À MES TRÈS CHERS PARENTS DÉCÉDÉS, VINCENT THIOMBIANO ET ADJARATOU SOPHIE TOGUYENI / ÉPOUSE THIOMBIANO

Merci pour l'enseignement de l'amour pour le travail bien fait!

À MON TUTEUR ZACHARIE ZIDA,

Merci pour l'orientation académique et l'accompagnement multiforme

À SA FEMME (MA SŒUR, ALICE)

ET LEURS ENFANTS (ROSINE, EMMANUEL & AIMÉ)

À MES HUIT FRÈRES ET LEURS FAMILLES RESPECTIVES

REMERCIEMENTS

Cette thèse de maîtrise est le fruit d'efforts personnels mais aussi et surtout d'appuis et de suivis multiples. Je tiens tout d'abord à remercier le corps professoral de la Maîtrise en Études de l'Environnement (MÉE) principalement les deux encadreurs de ma thèse de maîtrise, Mme Anne-Marie Laroche du Département de Génie Civil et M. Omer Chouinard du programme de la MÉE, pour leurs disponibilités, leurs encadrements et leurs encouragements.

Un merci spécial à M. Jean-Marie Dipama, enseignant au département de géographie de l'Université de Ouagadougou, pour son encadrement et son accompagnement dans ma formation universitaire à ce jour. Merci aussi à l'équipe professoral du Centre d'Études pour la Promotion, l'Aménagement et la Protection de l'Environnement (CEPAPE), en particulier au Pr Adjima Thiombiano.

Mes remerciements vont également à la Direction Générale des Ressources en eau du Burkina Faso et son Noyau Technique de l'Agence de l'Eau du Nakanbé à Ziniaré pour le stage puis, à la Direction de la Météorologie du Burkina Faso pour les données climatiques fournies.

Mes remerciements à ma famille (Thiombiano Vincent & Zida Zacharie) et à mon fiancé Bonaventure Ouédraogo pour les encouragements multiformes.

Merci enfin aux membres du Jury qui ont accepté d'examiner ma Thèse.

Cette Thèse de maîtrise est le résultat de la conjugaison de tous ces apports, et je souhaite qu'elle soit un outil additionnel dans l'aide à la prise de décision pour la gestion durable des ressources en eau au Burkina Faso.

MEMBRES DU JURY

1. Président du jury

M. Christian Bettignies, Professeur agrégé à l'Université de Moncton au Département de Génie Civil, Faculté d'Ingénierie.

2. Directrice de Thèse

Mme Anne-Marie Laroche, Professeure agrégée à l'Université de Moncton au Département de Génie Civil, Faculté d'ingénierie.

3. Co-directeur de Thèse

M. Omer Chouinard, Professeur à l'Université de Moncton au Programme de la MÉE, Faculté des Études Supérieures et de la Recherche.

4. Examinateur interne

M. Guillaume Fortin, Professeur à l'Université de Moncton au Département d'histoire et de géographie, Faculté des arts et des sciences sociales.

5. Examinateur externe de la Thèse

M. Jean-Marie Dipama, Enseignant-Maître de conférence à l'Université de Ouagadougou (Burkina Faso) au Département de géographie.

AVANT-PROPOS

Cette thèse de maîtrise est présentée sous un format par article. Elle a été possible grâce à l'appui financier du projet « Gestion de la conservation des écosystèmes basée sur les communautés-GCEBC au Burkina Faso ». Ce projet est né d'un partenariat entre l'Université de Ouagadougou *via* le Centre d'Études pour la Promotion, l'Aménagement et la Protection de l'Environnement (CEPAPE) et l'Université de Moncton (Campus de Moncton) puis son programme de Maîtrise en Études de l'Environnement. Financé par l'Agence Canadienne de Développement International (ACDI), ce projet avait pour but de renforcer la capacité de l'Université de Ouagadougou dans ses efforts de promotion de gestion durable, intégrée et participative des écosystèmes. C'est dans ce contexte que j'ai bénéficié d'une bourse de dix-huit (18) mois pour ce Master2 en études de l'environnement à l'Université de Moncton.

TABLE DES MATIÈRES

RÉSUMÉ

Au Burkina Faso, les ressources en eau sont limitées et leur disponibilité est assez aléatoire compte tenu de la variabilité spatiale et temporelle des facteurs climatiques, du caractère partagé du réseau hydrographique et des fortes densités humaines. En effet, ces ressources sont soumises à de multiples pressions de sorte qu'être en mesure d'organiser leur gestion assurerait un équilibre socio-économique dans les quatre grands bassins versants du Burkina Faso. La présente étude a ainsi porté sur celui drainé par le fleuve Nakanbé qui est l'une des principales zones de concentration en termes de dynamiques humaines et de représentativité économique et politique. Ce bassin subit pour ce faire un processus de dégradation de son environnement accéléré depuis la décennie 1970. Il est alors apparu nécessaire et urgent de se pencher sur la gestion de sa ressource en eau afin de proposer des solutions durables. L'étude qui a été conduite a consisté d'une part à faire une analyse de données climatiques pour comprendre la dynamique et apprécier les tendances dans l'évolution historique de paramètres comme la pluviométrie, la température et l'évapotranspiration potentielle à l'aide d'analyse statistique de comparaison simple, du test statistique de détection des tendances de Mann-Kendall et de la méthode d'estimation des pentes de Sen. D'autre part, une enquête auprès de populations riveraines a permis d'apprécier leurs perceptions de l'évolution du climat local et de ses effets induits, puis de la dynamique locale de la gestion des ressources en eau. Le test de Mann-Kendall a ainsi détecté au seuil de signification de $\alpha=0,05$, des tendances annuelles à la baisse pour la pluviométrie et à la hausse pour la température dans les stations synoptiques de Ouahigouya et Ouagadougou. En outre, les perceptions des populations locales traduisent également une baisse et une irrégularité des pluies, une augmentation de la chaleur et une diminution des mois frais.

Des actions d'adaptation sont alors engagées au niveau national en lien avec la nouvelle politique de gestion intégrée des ressources en eau. Cette recherche s'entend alors être un outil additionnel pour appréhender la vulnérabilité du bassin hydrographique du fleuve Nakanbé à la variabilité climatique en vue d'une gestion durable de ses ressources en eau.

Mots clefs : Burkina Faso; Fleuve Nakanbé; Eau; Variabilité-Changement Climatique; Perception

SUMMARY

In Burkina Faso, water resources are limited and their availability is irregular given the spatial and temporal variability of climatic factors in addition to the complexity of the hydrological network and the high population densities. Indeed, these resources are subject to many pressures and, being able to organize its management would provide equal opportunities of socio-economic development in the four major watersheds of Burkina Faso. Therefore, this study is focused on the watershed of the Nakanbé River, which is one of the main areas of concentration in terms of human dynamics but also economic and political representativeness. For this, the Nakanbé River watershed as experienced an accelerated degradation of its environment since the 1970s. Consequently, it became necessary and urgent to address the management of its water resources and propose sustainable solutions. This study initially consists to an analysis of climate data to understand and assess the dynamics trends in the historical evolution of parameters such rainfall, temperature and potential evapotranspiration. To do so, statistical analysis with simple comparison analysis, Mann-Kendall trend test and Sen's method of slopes estimation have been used. On the other hand, a survey with the local residents helped to assess their perceptions of the local climate evolution with the induced effects, and the local dynamic of the water resources management. As results, the Mann-Kendall test detected at a significance level of $\alpha = 0.05$, a downward yearly trends of rainfall and an higher yearly trends of temperature at Ouahigouya and Ouagadougou synoptic stations. In addition, the local population perceptions reflect a decline and irregular rainfall, an increase in heat and a reduction of cold months. Adaptation actions are then taken at national level arising from the new policy of water resources integrated management.

Then, this research shall be an additional tool to assess the vulnerability of the Nakanbé River watershed to climate variability for sustainable management of its water resources.

Key Words : Burkina Faso; Nakanbé River; Water; Climate Variability-Change; Perception

LISTE DES TABLEAUX

LISTE DES FIGURES

SIGLES ET ABRÉVIATIONS

ABN : Autorité du Bassin du Niger

ABV : Autorité du Bassin de la Volta

AGRHYMET : Institution régionale spécialisée du CILSS sur le développement agricole, l'aménagement du l'espace rural et la gestion des ressources naturelles

AMMA : Analyse Multidisciplinaire de la Mousson Africaine

AOS : Afrique Occidentale Sahélienne

ATA : Agents Techniques de l'Agriculture

ATE : Agents Techniques de l'Élevage

CC : Changements Climatiques

CCNUCC : Convention-cadre des Nations Unies sur les Changements Climatiques

CEDEAO : Communauté Économique des États de l'Afrique de l'Ouest

CILSS : Comité Inter-États de Lutte contre la Sécheresse au Sahel

CLE : Comités Locaux de l'Eau

CSAO : Club du Sahel et de l'Afrique de l'Ouest **CVGT** : Commission Villageoise de Gestions des Terroirs

FAO : Organisation des Nations Unies pour l'Alimentation et l'Agriculture

GES : Gaz à Effet de Serre

GIEC : Groupe d'experts Intergouvernemental sur l'Évolution du Climat

GIRE : Gestion Intégrée des Ressources en Eau

GR2M : Modèle de Génie Rural à 02 paramètres au pas de temps Mensuel

INSD : Institut National de la Statistique et de la Démographie

MAGICC/SCENGEN : Model for Assessment of Greenhouse-gas Induced Climate Change/Scenario Generator

MAHRH : Ministère de l'Agriculture, de l'Hydraulique et des Ressources Halieutiques

MDP : Mécanismes de Développement Propre

MECV : Ministère de l'Environnement et du Cadre de Vie

MEE : Ministère de l'Environnement et de l'Eau

MOB : Maîtrise de l'Ouvrage de Bagré

NT-AEN : Noyau Technique de l'Agence de l'Eau du Nakanbé

OCDE : Organisation de Coopération et de Développement Économique

OMD : Objectifs du Millénaire pour le Développement

OMM : Organisation Météorologique Mondiale

PAGIRE : Plan d'Action national pour la Gestion Intégrée des Ressources en Eau

PANA : Programmes d'Action Nationaux pour l'Adaptation

PIB : Produit Intérieur Brut

PNUE : Programme des Nations Unies pour l'Environnement

PRESAO : Prévision Saisonnière en Afrique de l'Ouest

SONABEL : Société Nationale d'Électricité du Burkina

VC : Variabilité Climatique

INTRODUCTION GÉNÉRALE

1. CONTEXTE INTRODUCTIF

Depuis plus de deux décennies, la question du réchauffement climatique ainsi que des changements climatiques (CC) est au cœur des préoccupations mondiales en raison des grands enjeux qu'ils suscitent pour toutes les formes de vie sur Terre. En effet, dans le dernier rapport du Groupe d'experts Intergouvernemental sur l'Évolution du Climat (GIEC, 2007), il est ressorti que le réchauffement climatique est sans équivoque à l'échelle de la planète Terre avec la hausse des températures moyennes de l'atmosphère et de l'océan, la fonte massive de la neige et de la glace puis l'élévation du niveau moyen de la mer. La tendance linéaire au réchauffement estimée à 0,6°C entre 1961-2000 a été établie par la suite à 0,74°C sur la période 1900-2005. Le réchauffement du système climatique planétaire est ainsi une réalité de même que les changements globaux et régionaux qui lui sont consécutifs, et la hausse des températures en est le principal indicateur. D'ailleurs, l'Organisation Météorologique Mondiale (OMM) à travers son Secrétaire Général Michel Jarraud, a communiqué le 11 janvier 2011 que la décennie 2000 et l'année 2010 viennent de marquer l'histoire du suivi de la dynamique du système climatique de la planète Terre. En effet, à chacune d'elle a été attribué le record de décennie et d'année la plus chaude jamais enregistrée. De plus, cette observation viendrait confirmer une tendance significative au réchauffement à long terme.

Les enjeux des observations et projections climatiques sont énormes car, c'est seulement à l'aube de la décennie 1990 que la communauté internationale a véritablement matérialisé sa prise de conscience d'une part de cette problématique du réchauffement et des CC et de leurs conséquences socio-économiques et environnementales, et d'autre part des problèmes environnementaux latents de l'époque (perte de la biodiversité, pollution de tout genre, dégradation des terres).

C'est dans ce contexte que naquit par exemple le GIEC en 1988 sous l'égide de l'OMM et du Programme des Nations Unies pour l'Environnement (PNUE) en vue d'évaluer et d'approfondir les recherches scientifiques s'y référant, de mesurer les conséquences et de proposer des stratégies d'atténuation et/ou d'adaptation. La production progressive d'informations scientifiques a ainsi guidé entre autres la formulation et l'adoption de la Convention-Cadre des Nations Unies sur les Changements Climatiques (CCNUCC) en 1992 puis de son Protocole de Kyoto en 1997.

Toutefois, il est plus question de relever les défis qu'imposent ces changements réels, manifestes et toujours en cours d'évolution. C'est ce qui justifierait d'une part la tenue périodique de sommets, de conférences et de forums sur le climat, l'eau, la biodiversité, et d'autre part la sensibilisation en faveur des mécanismes de développement propre et la création d'un fonds vert en vue de financer, sur le long terme, l'appui aux pays en voie de développement. En effet, les résultats des groupes de travaux du GIEC (2007) révèlent que beaucoup de systèmes naturels terrestres et marins sont touchés par les CC en particulier par la hausse des températures. Les CC projetés sont entre autres (AFOUDA et *al.*, CEDEAO-CSAO/OCDE, 2008; GIEC, 2007) :

- un réchauffement maximal sur les terres émergées et dans la plupart des régions des hautes latitudes de l'hémisphère Nord et un réchauffement minimal au-dessus de l'océan austral et d'une partie de l'Atlantique Nord;
- une hausse très probable de la fréquence des températures extrêmement élevées, des vagues de chaleur et des épisodes de fortes précipitations (y compris dans les zones où on anticipe une diminution de la moyenne de précipitations);

- une augmentation très probable des précipitations aux latitudes élevées et une diminution probable sur la plupart des terres émergées subtropicales;
- avec un degré de confiance élevé, d'ici le milieu du 21ème siècle, le débit annuel moyen des cours d'eau et la disponibilité des ressources en eau augmenteront aux hautes latitudes et dans certaines régions tropicales humides mais diminueront dans certaines régions sèches des latitudes moyennes et des tropiques;
- bon nombre de zones semi-arides souffriront d'une baisse des ressources en eau imputable aux CC et le ruissellement diminuera de 10 à 30% dans certaines régions sèches des latitudes moyennes et des zones tropicales sèches du fait de la diminution des précipitations et des taux accrus d'évapotranspiration.

Au nombre des effets attendus, il y a ceux sur les ressources en eau dans les zones tropicales sèches en raison de la modification de la pluviosité et de l'évapotranspiration. En effet, pour une variation de la température annuelle moyenne à la surface du globe de 0°C à 4°C, on assistera à une diminution des ressources en eau disponibles et une accentuation de la sécheresse aux latitudes moyennes et dans les zones semi-arides des basses latitudes, puis à une exposition de centaines de millions de personnes à un stress hydrique accru. Aussi, de fortes chaleurs entraineront une hausse de la demande en eau puis altèreront la qualité des eaux stockées. Une progression de la sécheresse induira quant à elle une intensification du stress hydrique.

Au regard de ces projections, l'Afrique, déjà aux prises avec la pauvreté, les maladies comme le paludisme et le VIH-SIDA, l'insécurité alimentaire et divers aléas climatiques (sécheresses), est reconnue pour être déjà et davantage vulnérable aux CC et à leurs effets induits en raison de sa faible capacité d'adaptation.

Les simulations indiquent d'ailleurs que le réchauffement climatique sera plus important en Afrique qu'au niveau mondial au cours du 21ème siècle. En effet, selon le groupe formé par la Communauté Économique des États de l'Afrique de l'Ouest, le Club du Sahel et de l'Afrique de l'Ouest puis l'Organisation de Coopération et de Développement Économique (CEDEAO-CSAO/OCDE, 2008), la hausse de la température entre 1980-1999 et 2080-2099 va varier entre 3°C et 4°C sur l'ensemble du continent africain soit 1,5 fois plus qu'au niveau mondial. Les conséquences seront immédiates, car d'une part il est prévu que d'ici 2020, 75 à 250 millions de personnes y souffrent d'un stress hydrique accentué par les CC (AFOUDA et *al.*, 2007; GIEC, 2007). Les défis demeurent alors face à de forts taux de croissance démographique qui ont des incidences directes sur la disponibilité des ressources en eau en raison de la pression sur la ressource et de la multiplicité des usages. D'autre part, le rendement de l'agriculture pluviale pourrait chuter de 50% d'ici 2020 dans certains pays d'Afrique, d'où de grands enjeux pour l'alimentation en quantité et en qualité suffisante. De plus, les scénarii climatiques du GIEC (2007) indiquent que la superficie des terres arides et semi-arides pourrait y augmenter de 5 à 8% d'ici 2080. Toutefois, des incertitudes demeurent quant aux projections concernant les précipitations, car plusieurs facteurs sont à prendre en considération au-delà des changements dans les températures.

À toutes ces projections probables à très probables, vient se greffer l'hypothèse soutenue selon laquelle les émissions mondiales de gaz à effet de serre (GES) continueront d'augmenter au cours des prochaines décennies au regard des difficultés dans les négociations à l'échelle mondiale des politiques d'atténuation des émissions de GES mais aussi pour l'adoption de pratiques de développement durable.

C'est ainsi que l'élévation des températures va se poursuivre à raison de 0,1°C environ par décennie même si les concentrations des GES et des aérosols avaient été maintenues aux niveaux atteints en 2000 et ce, en raison des échelles de temps propres aux processus et aux rétroactions climatiques. Pourtant, le réchauffement climatique constaté dès le milieu du 20ème siècle est majoritairement attribué à la hausse des concentrations de GES produits par les activités humaines notamment le dioxyde de carbone (CO_2), le méthane (CH_4), l'oxyde nitreux (N_2O) et les gaz fluorés (CFC). Cette hausse estimée à 70% entre 1970 et 2004 est imputable aux utilisations de combustibles fossiles, à la dynamique d'utilisation des terres et aux activités agricoles. Une poursuite de leurs émissions au rythme actuel ou à un rythme plus élevé accentuerait alors le réchauffement tout en modifiant profondément le système climatique durant ce 21ème siècle (GIEC, 2007). Une des grandes conséquences serait la perturbation des cycles hydrologiques et des saisons avec des incidences sur les ressources en eau (abondances, déficits) sous toutes leurs formes.

C'est dans ce contexte d'enjeux présents et à venir, que s'inscrit la présente recherche sur l'évolution du climat et ses incidences probables sur les ressources en eau au Burkina Faso, un pays en voie de développement situé en Afrique Occidentale Sahélienne (AOS), à travers une étude de cas du bassin versant le plus stratégique, en l'occurrence celui drainé par le fleuve Nakanbé. En effet, les CC se manifestent de plus en plus par des phénomènes météorologiques extrêmes touchant à la disponibilité qualitative et quantitative de la ressource en eau.

C'est ainsi qu'affecté par la sécheresse depuis la décennie 1970, confronté à des caractéristiques géologiques, hydrologiques et politiques pas très favorables pour la mobilisation de l'eau, et face à des conditions socioéconomiques défavorables, le Burkina Faso doit appréhender la vulnérabilité de ses ressources en eau dans un contexte de variabilité climatique (VC) en vue de développer des stratégies d'adaptation durables. Les résultats de la présente recherche pourront être un apport scientifique dans l'aide à la prise de décision dans ce sens.

Dans le corps du présent document, il sera plus question de "variabilité climatique-VC" que de "changements climatiques-CC", car le climat de l'AOS est plutôt soumis à de fortes variations saisonnières et interannuelles auxquelles les scientifiques n'ont pas encore établi une relation de causes à effets ni avec le réchauffement du système climatique planétaire ni avec les CC globaux. En effet, beaucoup de chercheurs pensent qu'il est encore très tôt d'imputer certains phénomènes météorologiques extrêmes actuels notamment en AOS aux CC, d'où l'usage de la VC.

2. PROBLÉMATIQUE DE LA RECHERCHE

2.1. Contexte spécifique de la recherche

Un des effets manifestes du réchauffement climatique est la récurrence et l'intensité des phénomènes météorologiques extrêmes notamment les sécheresses et les inondations. Pour ce faire, le défi du 21ème siècle est selon le GIEC (2007) celui de la disponibilité qualitative et quantitative des ressources en eau. En effet, le réchauffement climatique a une incidence directe sur les cycles hydrologiques terrestres, car les variations des précipitations et de la température entraînent une modification du ruissellement et des disponibilités en eau. D'où des risques de réduction de la valeur des services fournis par les ressources en eau.

Déjà en 2003, VAILLANCOURT disait que *"l'eau risque de devenir pour le 21ème siècle ce que fut le pétrole pour le 20ème siècle"*. En effet, c'est véritablement au 20ème siècle que le pétrole a incarné un rôle et une importance démesurés dans tous les domaines de la vie humaine au point que beaucoup de conflits sont nés directement ou indirectement en raison de cet hydrocarbure dénommé « l'Or Noir » et dont les réserves s'épuisent progressivement. Aujourd'hui, c'est plutôt la ressource en eau (« l'Or Bleu ») qui constitue l'enjeu vital pour l'avenir selon VAILLANCOURT (2003), car elle est un élément matériel de base pour les usages domestiques, agricoles, industriels, urbains et de loisirs. En somme, cette ressource est à la base de toutes les formes de vie sur Terre.

D'ailleurs en 2006, le rapport de la CEDEAO-CSAO/OCDE indiquait que tous les spécialistes s'accordent à dire d'une part que la pression sur les ressources en eau sera incomparablement supérieure dans 20 ans à ce qu'elle est actuellement, et d'autre part que la consommation en eau augmenterait plus rapidement que la population en raison des besoins en agriculture, en industrie et en consommation humaine.

Plus récemment au 5ème forum mondial sur l'eau tenu à Istanbul en mars 2009, il est également ressorti que dans 20 ans plus de la moitié de la planète souffrira d'un stress hydrique important si des mesures ne sont pas prises face au dysfonctionnement climatique actuel. Or, plusieurs pays d'Afrique subsaharienne subissent déjà cet état de stress hydrique qui s'aggravera sous l'effet du réchauffement et des CC, car 75 à 250 millions de personnes devront y faire face d'ici 2020.

L'Afrique apparaît comme la région où subsistent les plus grands défis en matière de disponibilité, d'aménagement et de distribution des ressources en eau, car les communautés pauvres et rurales sont identifiées comme celles qui seront les plus vulnérables en raison de leur dépendance aux ressources naturelles en général et celles en eau en particulier (GIEC, 2007).

C'est ainsi que le Burkina Faso, pays sahélien enclavé au cœur de l'Afrique Occidentale, n'est pas à l'abri de tous ces enjeux avec une population de plus de 80% rurale. En effet, c'est un pays en voie de développement d'une superficie de 274 000 km^2 dont l'économie repose sur le secteur primaire. Ce dernier, composé de l'agriculture, de l'élevage, de la pêche, de la chasse et de l'exploitation des ressources forestières occupe 86% de la population burkinabé et génère 40% du Produit Intérieur Brut (PIB) dont 25% proviennent des activités agricoles, 12% des activités pastorales et 3% de la foresterie et de la pêche (Ministère de l'Environnement et du Cadre de Vie (MECV), 2007). Toutefois, ce secteur est l'un des moins productifs, d'une part à cause de l'insuffisance et de la variabilité spatio-temporelle de la pluviométrie puis des difficultés techniques, financières et politiques dans la mobilisation des ressources en eau souterraine et de surface. D'autre part, ce secteur fait face à la dégradation des sols sous l'effet des actions conjuguées du climat et des activités anthropiques. En effet, d'après le MECV (2007) et OUEDRAOGO (2003), la continentalité et la position du Burkina Faso à la lisière du Sahara font que son climat est soumis à d'importantes variations diurnes et annuelles. Cette situation exacerbe les conditions environnementales et socioéconomiques déjà défavorables. En effet, le Burkina Faso connait depuis la décennie 1970 des phénomènes de sécheresses récurrents et intenses causés essentiellement par le déficit pluviométrique.

On retiendra les sécheresses des années 1972-1973 et 1983-1984 qui ont provoqué un manque d'eau et une famine (CEDEAO-CSAO/OCDE, 2008). AFOUDA et *al.* (2004) puis JULIEN (2006) soulignaient d'ailleurs la corrélation entre la pluviométrie annuelle et la croissance économique générale des pays ouest-africains en raison du poids du secteur agricole sur celle-ci. Selon eux, le développement des pays de l'Afrique subsaharienne dont fait partie le Burkina Faso est entravé par les sécheresses répétitives et la dépendance à l'aide alimentaire internationale, l'essentiel de l'agriculture étant de type pluvial. Or au Burkina Faso, la disponibilité en eau est majoritairement tributaire de la pluviométrie. Cependant, celle-ci s'avère insuffisante, aléatoire et mal répartie.

De plus, 80% de l'eau tombée s'évapore et en année de pluviosité moyenne, la capacité de stockage en eau de surface passe de plus de 5 milliards de m^3 à 2,66 milliards de m^3 selon le Ministère de l'Environnement et de l'Eau (MEE, 2001). À ces conditions naturelles défavorables s'ajoutent des caractéristiques démographiques pressantes, car le pays connait un fort taux de croissance estimé à 3,4% en 2006 selon l'Institut National de la Statistique et de la Démographie (INSD). D'ailleurs, la population burkinabé a presque doublé en 20 ans en passant de 7 964 705 en 1985 à 14 017 262 en 2006 avec des densités respectives de 30 et 50 habitants au km^2. De plus, près de 50% de cette population déjà à majorité rurale, vit en dessous du seuil de pauvreté (estimée en 2003 par l'INSD à 82 672 FCFA par personne par an soit l'équivalent de 165\$US) et n'a pas accès à l'eau potable. En outre, 40% de la population burkinabé se concentre dans le bassin versant le plus stratégique du pays, en l'occurrence celui drainé par le 2ème plus grand fleuve, le Nakanbé. D'où une forte pression sur les ressources naturelles surtout celles en eau. Tous ces facteurs actuels du stress hydrique seront en effet accentués par le réchauffement et les CC selon le GIEC (2007).

D'ores et déjà, des simulations à l'échelle du Burkina Faso sur les tendances futures des moyennes annuelles de la pluviométrie et de la température dans le contexte du réchauffement climatique actuel ont été faites à l'aide de l'outil de modélisation MAGICC/SCENGEN (Model for Assessment of Greenhouse-gas Induced Climate Change/Scenario Generator), ainsi que des projections de leurs impacts sur les ressources en eau avec le GR2M (Modèle de Génie Rural à 02 paramètres au pas de temps Mensuel). Toutefois, il faut souligner que ces simulations et projections comportent des incertitudes en raison de l'usage de modèles climatiques globaux et de la non-prise en compte de certains facteurs importants notamment la croissance rapide de la population burkinabé et la dynamique de développement des activités hydro-agricoles.

Les simulations sur l'évolution de la température moyenne annuelle indiquent tout de même une augmentation de 0,8°C et 1,7°C respectivement aux horizons 2025 et 2050 sur l'ensemble du territoire burkinabé par rapport à la normale climatique 1961-1990 (MECV, 2007). De plus, cette tendance devrait s'accompagner d'une variation saisonnière, car les simulations ont révélé que les mois de décembre, de janvier, d'août et de septembre deviendront plus chauds qu'à l'accoutumée et que les mois de novembre et de mars connaitront de faibles augmentations de la chaleur.

Quant aux simulations pour l'évolution de la pluviométrie moyenne annuelle, elles montrent une diminution de la pluviométrie moyenne annuelle de 3,4% et 7,3% respectivement en 2025 et 2050. Ces projections seront accompagnées d'une très forte variabilité interannuelle et saisonnière. En effet, les mois de juillet, d'août et de septembre connaitront des diminutions de 20 à 30% de leur pluviométrie actuelle alors que le mois de novembre auront une hausse de sa pluviométrie de 60 à 80%.

La conséquence principale de ces projections sur les ressources en eau est que par rapport à la normale climatique 1961-1990, il y aura d'ici 2025 une augmentation des volumes annuels d'eau écoulés de 36% dans le bassin versant du Nakanbé en raison de la forte dégradation du couvert végétal et par conséquent de l'importance du ruissellement. Mais en 2050, il y est prévu une nette diminution de 30% des volumes annuels d'eau écoulés. En outre, ces changements au niveau de la pluviométrie et de la température causeront dans le cas d'inondations, des risques de destruction d'ouvrages et de pollution puis d'ensablement et d'envasement des lacs à cause de l'érosion hydrique.

Mais, dans des circonstances de baisse et de variabilité de la pluviosité (très probables), il pourrait être observé une baisse du niveau de la nappe phréatique, des sécheresses récurrentes, un assèchement précoce des puits, un faible remplissage des plans d'eau, une migration défavorable des isohyètes, un arrêt brusque des pluies, un décalage de la saison de pluie, une insuffisance d'eau pour les différents usages et une aggravation du stress hydrique. Parallèlement, une hausse des températures augmentera l'évaporation des plans d'eau ainsi que les besoins en eau des cultures.

La figure 1 ci-dessous, illustre les résultats des projections de la tendance de la pluviométrie moyenne annuelle en 2025 et 2050 par rapport à la normale climatique 1961-1990 dans toutes les stations synoptiques du Burkina Faso. On peut constater que la tendance est à la baisse à l'échelle nationale.

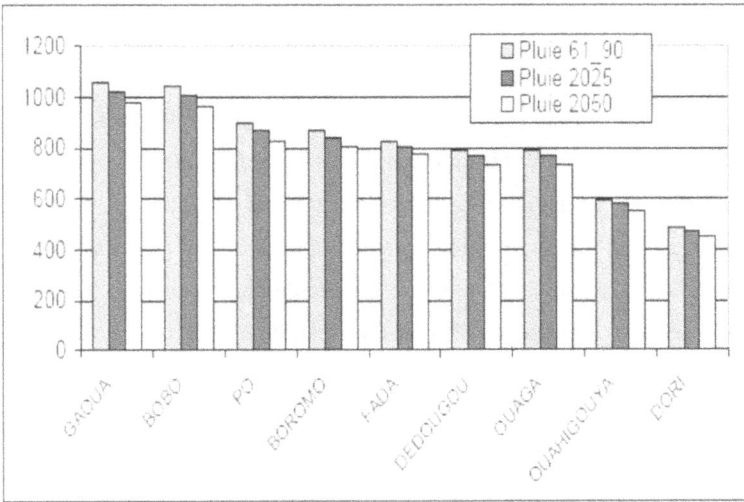

Figure 1: Pluviométrie moyenne annuelle prévue pour 2025 et 2050 dans les zones climatiques du Burkina Faso

Source : MECV, 2007 (modélisation MAGICC/SCENGEN, 2006)

En somme, la position géographique du Burkina Faso l'expose davantage aux effets néfastes de la VC particulièrement sur les précipitations. Les activités socioéconomiques de la population pauvre et à majorité rurale restent pourtant connectées aux conditions pluviométriques et à la disponibilité des ressources en eau. Ce pays, après les décennies humides 1950 et 1960 n'est donc plus à l'abri des effets de la VC, car après les sécheresses dévastatrices de 1972-1973 et 1983-1984, on assiste aujourd'hui à une récurrence et intensité des évènements pluvieux extrêmes. C'est pourquoi le Comité Inter-États de Lutte contre la Sécheresse au Sahel et le centre régional AGRHYMET (CILSS-AGRHYMET, 2010) stipule qu'au cours des années à venir, il faudrait s'attendre à des situations contrastées alternées de sécheresse et d'excédents pluviométriques. C'est le cas de la pluie "diluvienne" tombée sur Ouagadougou la capitale et ses environs au matin du 1er septembre 2009 avec près de 300 mm recueillis en 12 heures selon le Centre météorologique principal de Ouagadougou, pluviométrie jamais enregistrée depuis 1919 et habituellement mensuelle. Elle a causé 150 000 sinistrés, 8 morts, la destruction de ponts et 9 300 hectares de cultures inondées. Or en 2007, le pays avait déjà été affecté par des inondations qui ont causé 26 000 déplacés, des pertes de production d'environ 13 500 tonnes, la destruction de 55 barrages et 17 689 hectares de cultures inondés selon CILSS-AGRHYMET (2010). D'ailleurs, les inondations de 2007 avaient été considérées comme les pires des dernières décennies selon l'Organisation des Nations Unies pour l'Alimentation et l'Agriculture (FAO) et l'OMM, car elles furent extrêmes partout à travers la planète. En effet, le GIEC (2007) avait également indiqué la probabilité que des épisodes de fortes pluies augmentent dans de nombreuses régions y compris celles dans lesquelles on anticipe une diminution de la moyenne des précipitations.

Dans ce contexte de VC, le Burkina Faso a des défis à relever particulièrement en ce qui concerne les ressources en eau, car son développement socio-économique en dépend. D'où la présente recherche sur la thématique *"Variabilité climatique et impacts sur les ressources en eau au Burkina Faso : étude de cas du bassin hydrographique du fleuve Nakanbé"*. La conduite de cette recherche a passé par l'étape de questionnements ayant conduit à la formulation de la thématique, celle des hypothèses s'y référant et des objectifs poursuivis.

2.2. Questions de recherche

Une question principale a guidé la réflexion de cette recherche à savoir : Quelles sont les incidences de la variabilité du climat au Burkina Faso sur les ressources en eau?

Les questions spécifiques étaient :

1. Quelle est l'ampleur des variations que le climat du Burkina Faso a connues particulièrement dans le bassin hydrographique du Nakanbé?

2. Quelles sont les incidences potentielles de ces variations sur les ressources en eau au Burkina Faso?

3. Comment les populations locales appréhendent-elles l'évolution et les variations de certains paramètres climatiques?

2.3. Hypothèses de recherche

En vue de répondre aux questions ci-dessus présentées, trois hypothèses ont été formulées pour la conduite de cette recherche.

1. Le climat du Burkina Faso a connu des variations climatiques et le bassin hydrographique du fleuve Nakanbé qui est à la croisée des principales zones climatiques du pays est une étude de cas pertinente.
2. Le Burkina Faso subit les effets du réchauffement et des CC et ceux-ci auront une influence sur les précipitations, les températures et les taux d'évaporation.

Les populations locales remarquent des changements au niveau de certains paramètres et dans leur environnementaux et climatiques et leurs perceptions pourraient être une contribution fiable.

2.4. Objectifs de la recherche

L'objectif principal de cette recherche est d'étudier l'évolution spatio-temporelle du climat au Burkina Faso à travers une analyse quantifiée de certains paramètres climatiques dans le bassin hydrographique du fleuve Nakanbé, puis d'examiner les effets probables sur les ressources en eau.

Les objectifs secondaires sont :

[1] de présenter les perceptions de communautés locales sur des changements qu'elles ont observés et qui les affectent;

[2] d'explorer les implications élémentaires des résultats d'analyse sur les populations et leurs activités;

[3] de formuler des propositions et des recommandations en vue d'une adaptation durable.

CHAPITRE 1 : ÉTAT DES CONNAISSANCES

1. REVUE DE LITTÉRATURE SUR LA VARIABILITÉ CLIMATIQUE

De nombreuses recherches ont été faites en vue de mieux comprendre certains phénomènes météorologiques extrêmes notamment ceux liés à la variabilité climatique (VC) dans le cas particulier de l'Afrique Occidentale Sahélienne (AOS). En effet, cette partie de l'Afrique se caractérise par la variabilité climatique interannuelle particulièrement importante dans les environnements arides et semi-arides surtout en ce qui concerne la pluviométrie. Toutefois, cet état de fait pourrait devenir problématique dans ce contexte de réchauffement climatique global. LOUVET (2008) dans sa thèse de doctorat sur les modulations intrasaisonnières de la mousson ouest-africaine, explique que la pluviométrie en Afrique Occidentale présente une importante variabilité interannuelle à laquelle se superpose un signal pluridécennal significatif. D'une part, son étude de la variabilité pluridécennale de la pluviométrie a mis en avant un déficit pluviométrique sans précédent à partir de la fin des années 1960 avec des anomalies prononcées entre 1970 et 1990 principalement aux latitudes soudano-sahéliennes. D'autre part, elle a montré une reprise de la pluviométrie depuis le début des années 1990. Quant à BOULAIN et *al.* (2009) dans leur étude sur la corrélation entre le bilan hydrique et la dynamique du couvert végétal au Sahel, ils ont souligné que le climat ouest-africain est dominé par un système de mousson dans lequel la zone sahélienne connait également une grande variabilité de ses précipitations annuelles.

En effet, en AOS en général et au Burkina Faso en particulier, ce sont les sécheresses des années 1970 (1972-1973) et 1980 (1983-1984) qui ont marqué les mémoires à l'échelle mondiale en ce qui concerne les effets adverses du climat.

C'est dans ce contexte que de nombreuses recherches de compréhension de ces sécheresses ont été faites, car elles ont gravement affecté les populations de l'AOS en raison du stress hydrique causé par des déficits pluviométriques inhabituels. Le mémoire de OUÉDRAOGO (2003) qui traite des indices observables des changements climatiques (CC) au Burkina Faso s'inscrit dans cette perspective. Il ressort de ses analyses que la VC observée au Burkina Faso se manifeste d'une part par la persistance de la sécheresse et d'autre part, par le déplacement défavorable des isohyètes du nord au sud du pays auquel s'associe la modification du zonage climatique.

Les récentes recherches de LEBEL et ALI (2009) puis LEBEL et *al.* (2009) respectivement sur les tendances récentes du régime pluviométrique dans le centre et l'ouest du Sahel et sur l'analyse multidisciplinaire de la mousson ouest-africaine en AOS, insistent à leur tour sur le fait que les sécheresses des années 1970 et 1980 qui ont frappé l'AOS furent les évènements climatiques les plus significatifs du 20ème siècle à une échelle régionale. Dans le même contexte d'observation, DORE (2005), HULME (2001), LEBEL et VISCHEL (2005), MAHE et PATUREL (2009), puis NIELSEN et REENBERG (2010a, 2010b) soulignent tous que l'AOS a été l'exemple dramatique de la VC dans le monde avec la persistance dans la baisse de sa pluviométrie depuis 1970 et ses sécheresses de 1970 à 1990 sans équivalent dans le monde. MAHE et PATUREL (2009) précise en plus que la pluviométrie de l'AOS a augmenté depuis la fin de la décennie 1990, mais que la moyenne annuelle quoique supérieure à celle de la décennie 1980 demeure similaire à celle de la décennie 1970.

Cette observation rejoint certainement l'analyse de ALBERGEL (1987) qui indiquait dans son article traitant de la sécheresse, de la désertification et des ressources en eau au Burkina Faso, que les déficits pluviométriques de 1983-1984 révélaient qu'après les sécheresses de 1972-1973, l'AOS n'avait pas retrouvé sa pluviosité d'antan. En effet, selon lui, jamais la pluviométrie d'une région n'avait connu pareil affaiblissement en intensité, en persistance et en extension géographique. D'ailleurs, MAHE et PATUREL (2009) insistent que cette partie du continent a connu depuis 1970 l'un des changements les plus brusques et la plus longue dans le monde depuis le début des enregistrements en 1896. Ils estiment même la baisse de la pluviométrie de 15 à 20% dans le Sahel durant la décennie 1980 par rapport à celle de 1950. Les analyses de NIELSEN et REENBERG (2010b) s'alignent également dans ce sens lorsqu'ils mentionnent qu'à la suite des décennies 1950 et 1960 très humides, la pluviométrie annuelle dans le Sahel a connu une baisse comprise entre 20 et 30% durant les trois décennies après celle de 1960 quoique dans les récentes années ils aient noté une amélioration des conditions pluviométriques avec l'augmentation de la pluviométrie annuelle totale. DORE (2005) précise particulièrement que les mois de juillet et d'août ont été les plus affectés par le déficit pluviométrique depuis 1970 au Sahel. Les récentes simulations au Burkina Faso (MECV, 2007) font aussi référence de cette très forte variabilité interannuelle et saisonnière de la pluviométrie, car plus cette pluviométrie est faible, plus la VC interannuelle est grande.

Tous ces résultats de recherche s'appliquent alors au Burkina Faso, car il est situé au centre de la zone soudano-sahélienne de l'Afrique. C'est d'ailleurs cette continentalité et cette position à la lisière du Sahara qui prédisposent ses paramètres climatiques à une forte variabilité diurne, saisonnière et annuelle (MECV, 2007).

En vue de présenter un état des lieux qui lui est spécifique, le MECV a produit en 2007 un rapport d'évaluation de la vulnérabilité et des capacités d'adaptation à la variabilité et aux CC au Burkina Faso dans le cadre des programmes d'action nationaux pour l'adaptation (PANA). Il en ressort qu'au cours des deux dernières décennies, le Burkina Faso a beaucoup souffert des effets adverses du climat dont les plus importants sont les sécheresses dues à l'insuffisance pluviométrique et à sa répartition inégale, les inondations provenant des précipitations extrêmes en récurrence et en intensité, les vagues de chaleur et les nappes de poussières intenses. Tout d'abord, il faut savoir que le Burkina Faso en raison de sa position géographique, a un climat tropical à dominance soudano-sahélienne comme l'indique le zonage climatique : la zone sahélienne qui occupe la partie nord du pays, la zone soudano-sahélienne qui couvre la partie centrale et la zone soudanienne au sud. Les figures 2, 3, 4 et 5 qui suivent, illustrent un des indices clés de la VC au Burkina Faso, notamment le déficit pluviométrique à travers l'évolution spatio-temporelle de la pluviométrie annuelle moyenne et du zonage climatique entre 1931 et 2000.

En effet, l'observation de la figure 2 indique que dans les années 1930, le Burkina Faso était bien arrosé car seulement une petite portion dans sa partie nord connaissait une pluviométrie annuelle moyenne de moins de 600 mm. Sur la période 1951-1980, on remarque une légère extension de sa zone sahélienne au détriment de la zone soudano-sahélienne. De façon corrélative, on constate une relative modification de la limite nord de sa zone soudanienne. Mais c'est avec les illustrations de la figure 3 que l'on constate l'ampleur de l'extension des zones sahélienne et soudano-sahélienne (plus sèches) au détriment de la zone soudanienne (humide). La figure 3 met ainsi en exergue un processus d'évolution accéléré de l'aridification au Burkina Faso.

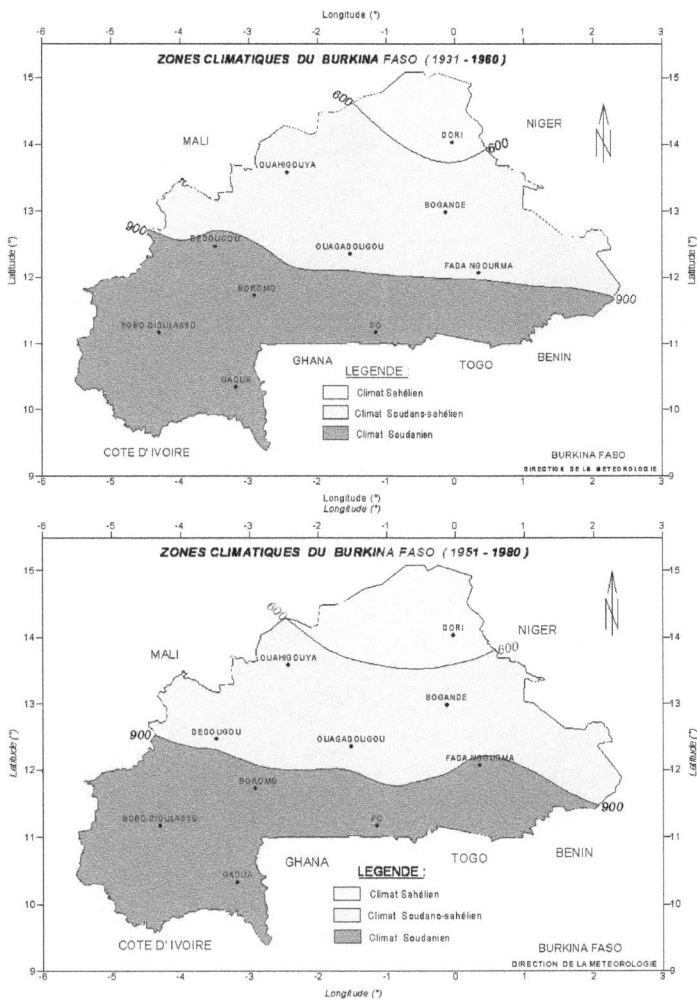

Figure 2: Évolution du zonage climatique au Burkina Faso de 1931 à 1960 et de 1951 à 1980

Source : Production de la Direction de la Météorologie, Burkina Faso

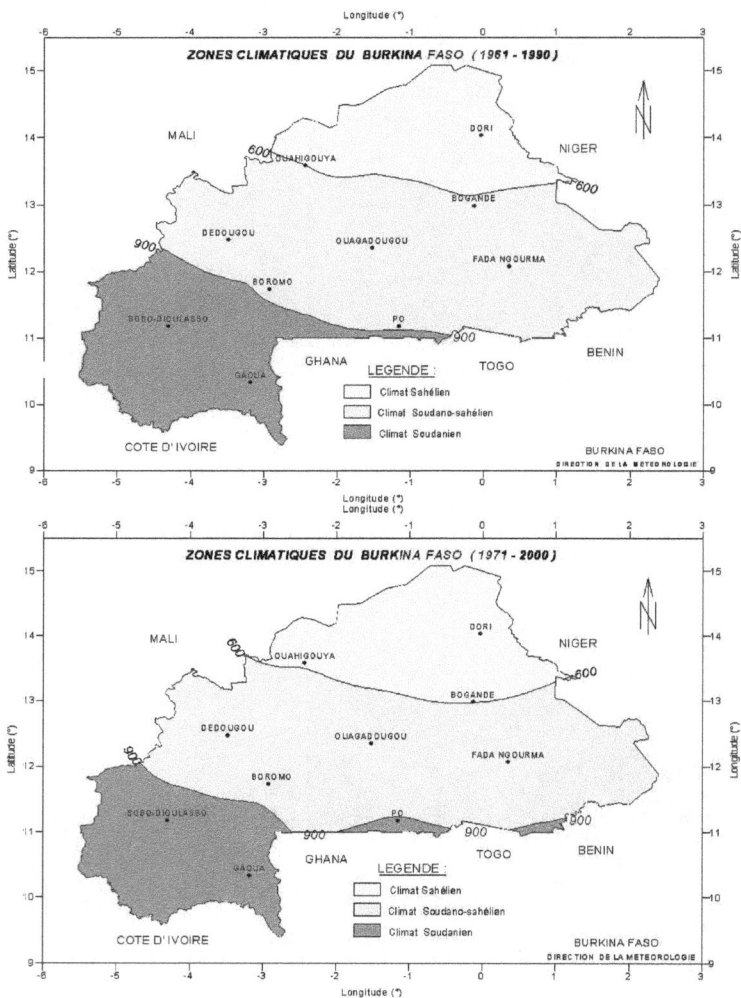

Figure 3: Évolution du zonage climatique au Burkina Faso de 1961 à 1990 et de 1971 à 2000

<u>Source</u> : Production de la Direction de la Météorologie, Burkina Faso

Les figures 4 et 5 ci-dessous, permettent maintenant de comprendre l'évolution de la pluviométrie depuis 1931 jusqu'à 2000.

En effet, sur la figure 4, on remarque que durant la période 1931-1960, période qui n'a pas connu de sécheresse, le Burkina Faso a connu des pluviométries annuelles moyennes comprises entre 500 mm et 1300 mm. Par contre, sur la période 1951-1980 qui renferme le premier évènement de sécheresse (1972-1973), on note l'apparition d'une poche d'aridité dans l'extrême nord du pays avec une moyenne pluviométrique annuelle en deçà de 500 mm.

Sur la figure 5, on observe l'extension de cette poche d'aridité et la perte quasi-totale des isohyètes les plus pluvieux compris entre 1101 mm et 1300 mm.

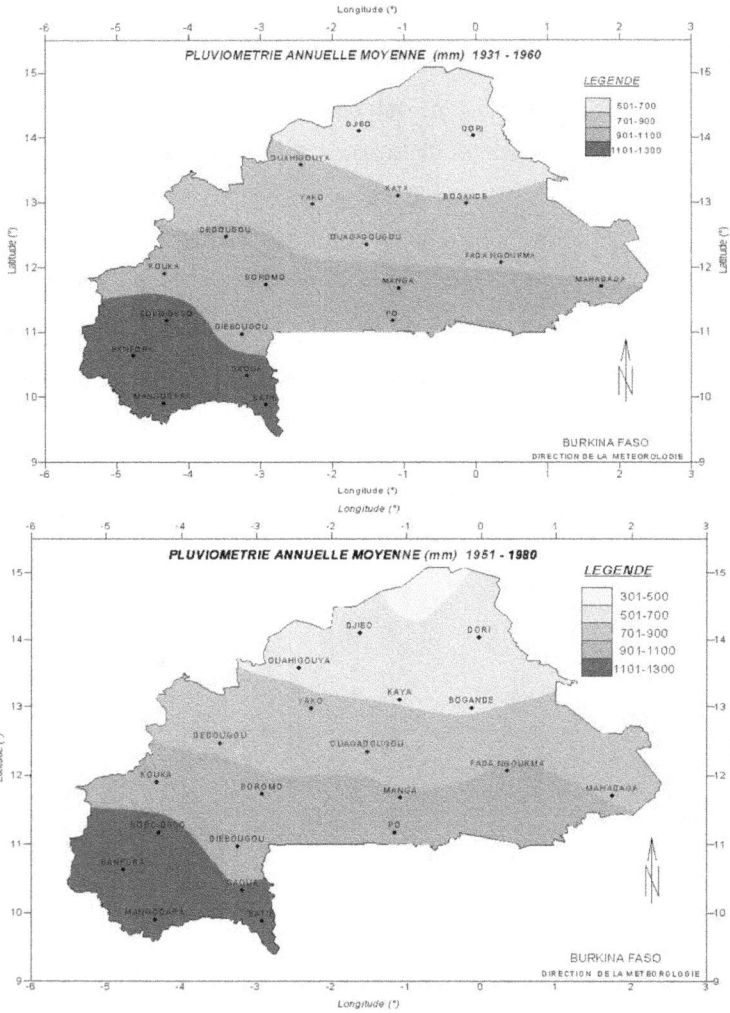

Figure 4: Évolution de la pluviométrie annuelle moyenne au Burkina Faso de 1931 à 1960 et 1951 à 1980

<u>Source</u> : Production de la Direction de la Météorologie, Burkina Faso

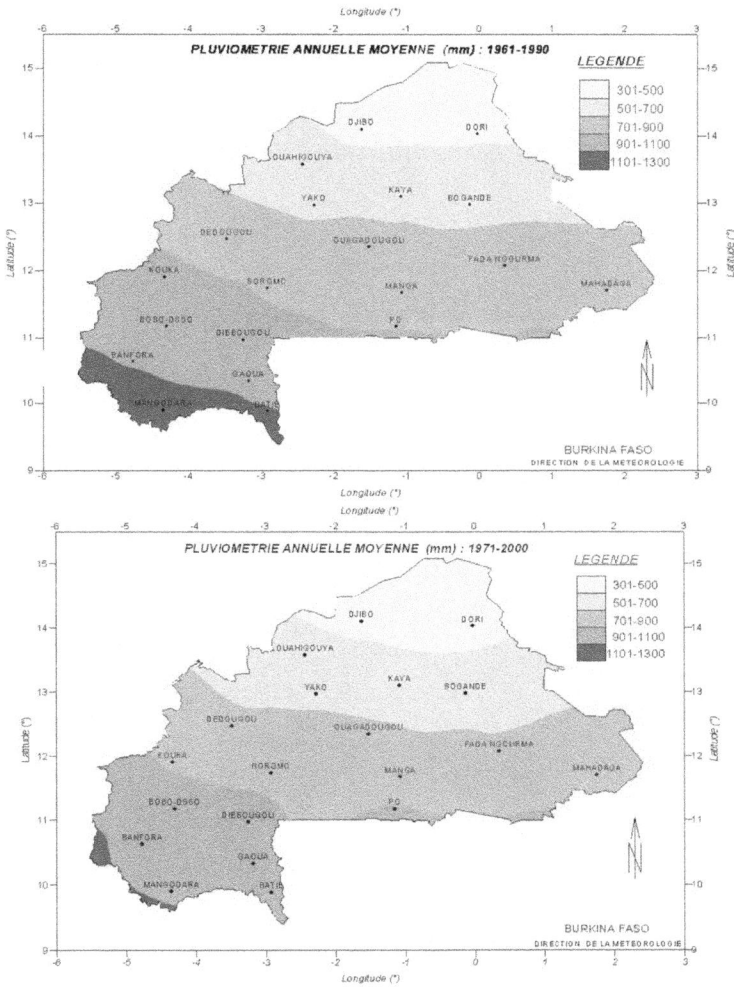

Figure 5: Évolution de la pluviométrie annuelle moyenne au Burkina Faso de 1961 à 1990 et 1971 à 2000

<u>Source</u> : Production de la Direction de la Météorologie, Burkina Faso

Enfin, la figure 6 illustre un autre indice de la manifestation de la VC au Burkina Faso à savoir la migration du nord au sud des isohyètes 600 mm et 900 mm qui servent de limite d'une part entre la zone sahélienne et la zone soudano-sahélienne, et d'autre part entre cette dernière et la zone soudanienne.

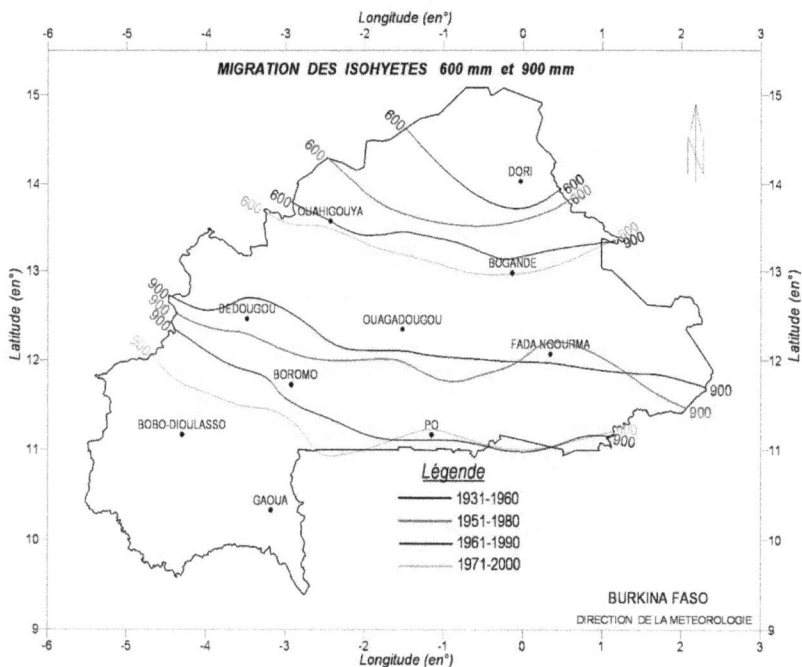

Figure 6: Déplacement latitudinal des principaux isohyètes du Burkina Faso de 1931 à 2000

<u>Source</u> : Production de la Direction de la Météorologie, Burkina Faso

Selon la direction de la météorologie du Burkina Faso, la longueur de cette migration jugée défavorable est estimée à environ 200 km entre 1931 et 2000. En effet, cette migration du nord au sud du pays est à la base de l'arrivée d'isohyètes moins pluvieux en provenance de la frange sub-saharienne dans la partie nord du pays, et de la disparition d'isohyètes pluvieux de la partie sud du pays.

Toutes ces cartes illustrent l'état des connaissances sur la problématique de la disponibilité des ressources en eau face aux aléas climatiques à l'échelle du Burkina Faso. En effet, elles sont des illustrations attrayantes de la VC, de l'aridité et de l'évolution du régime pluviométrique depuis les années 1930. Toutefois, une question demeure et anime la plupart des chercheurs à savoir, si les causes de cette VC et de ses incidences sont liées aux effets du réchauffement climatique et/ou si elles seraient consécutives aux impacts des activités anthropiques sur les états de surface. C'est ainsi que plusieurs auteurs (CEDEAO-CSAO/OCDE, 2008; CHAOUCHE et *al.*, 2010; DORE, 2005; GUILLAUMIE et *al.*, 2005; HUANG et *al.*, 2009; KUMAR et JAIN, 2010; LEBEL et VISCHEL, 2005; LEBEL et ALI, 2009; LOUVET, 2008; MAHE et PATUREL, 2009; MARSILY, 2008; NICHOLSON, 2000; OJO et *al.*, 2004; OUEDRAOGO, 2003; ZHANG et *al.*, 2008) ont mis en cause les changements de températures à la surface des océans, le phénomène El Niño-Oscillation Australe (ENSO), la perturbation de la dynamique de la mousson ouest-africaine et la forte sensibilité des régimes tropicaux secs aux sécheresses. D'autre part, des hypothèses sont développées quant au rôle des changements dans le couvert végétal et des boucles de rétroactions climatiques consécutives entre les interfaces continentale et atmosphérique sur les régimes pluviométriques (BOULAIN et *al.*, 2009; GUILLAUMIE et *al.*, 2005; HULME, 2001; LEBEL et *al.*, 2009; LEBEL et ALI, 2009; LOUVET, 2008; NICHOLSON, 2000; PERRIER et TUZET, 2005; SIVAKUMAR, 2007).

Cependant, de nombreuses incertitudes demeurent quant aux incidences du réchauffement climatique et de ses effets sur les phénomènes hydrologiques (CHEN et *al.*, 2007; GIEC, 2007; HUBERT, 2008; MAILHOT et DUCHESNE, 2005). D'où cette recherche, tout d'abord en vue de mieux examiner la VC au Burkina Faso dans le bassin hydrographique du fleuve Nakanbé, ensuite dans le but de voir comment le réchauffement climatique affecte ou pourrait avoir une influence sur les ressources en eau au Burkina Faso, puis enfin pour faire des recommandations.

2. PRÉSENTATION GÉNÉRALE DU CADRE GÉOGRAPHIQUE DE LA ZONE D'ÉTUDE

Anciennement appelé Haute-Volta en raison des trois grands cours d'eau qui le traversent (l'ex-Volta noire ou Mouhoun, l'ex-Volta blanche ou Nakanbé et l'ex-Volta rouge ou Nazinon), le Burkina Faso est un pays sahélien d'une superficie d'environ 274 000 km² enclavé au cœur de l'Afrique Occidentale. Il est limité à l'ouest par le Mali, à l'est par le Niger et au sud par le Bénin, le Togo, le Ghana et la Côte-d'Ivoire (figure 7).

Comme déjà mentionné, il a un climat de type tropical sec à dominance sahélo-soudanienne avec deux saisons bien marquées : une saison humide de juin à septembre dominée par des vents humides ou "pseudo-mousson" en provenance du Golfe de Guinée et une saison sèche de novembre à avril caractérisée par des vents de secteur nord-est appelés harmattan et chargés de poussière (MECV, 2007; SORY, 2008). Les mois de mai et d'octobre sont les mois de transition et l'alternance de ces deux saisons (pluvieuse et sèche) est liée à la fluctuation de la zone de convergente intertropicale.

Sur le plan hydrologique, le Burkina Faso est divisé en quatre grands bassins versants : celui drainé par le fleuve Mouhoun et ses affluents d'une superficie de 91 036 km^2, le fleuve Niger et ses affluents (83 442 km^2), le fleuve Nakanbé et ses affluents (81 932 km^2) puis le fleuve Comoé et ses affluents (17 590 km^2) selon le MEE (2001). Dans le cadre de cette recherche, c'est celui du Nakanbé qui a suscité de l'intérêt. Dans cette thèse, le terme *"bassin versant du Nakanbé"* signifie l'espace hydrographique drainé par le cours principal du fleuve Nakanbé et ses affluents. Quant au terme *"bassin hydrographique du Nakanbé"*, il désigne l'espace drainé par son cours principal.

Le bassin versant du Nakanbé est le plus peuplé du Burkina Faso avec 40% de la population nationale selon le Ministère de l'Agriculture de l'Hydraulique et des Ressources Halieutiques (MAHRH, 2004). Toutefois, il repose entièrement sur un socle cristallin, d'où la réduction de ses potentialités en eau souterraine mais aussi et surtout les difficultés dans l'accès à ces ressources.

Le fleuve Nakanbé est le 2ème plus important du pays; il prend sa source à 335 m d'altitude au nord-est de Ouahigouya, s'écoule sur près de 516 km dans le territoire burkinabé avant de se jeter dans le barrage d'Akosombo au Ghana.

Il a permis la construction de nombreuses et importantes retenues d'eau estimées à 242 sur les 1 456 que comptait le Burkina Faso (MAHE et *al.,* 2005). La retenue d'eau de Bagré, la plus importante dans le bassin hydrographique du Nakanbé, est le 2ème plus grand barrage du Burkina Faso avec 1,7 milliards de m^3. En effet, il constitue à lui seul $^1/_3$ de la capacité de stockage totale en eau au Burkina Faso et est un outil stratégique de soutien à la production agricole et énergétique pour les populations rurales et urbaines selon les autorités gouvernementales du secteur agricole.

Les retenues d'eau réalisées sur le cours principal et les affluents du fleuve Nakanbé servent en fait à de multiples usages dont les principaux sont : l'approvisionnement en eau potable des centres urbains, les activités agricoles dans les périmètres irrigués, les activités de pêche et la production hydro-électrique (YANOGO, 2006).

L'espace drainé par le fleuve Nakanbé est ainsi perçu comme un bassin versant porteur d'enjeux au niveau des ressources en eau en raison de la multiplicité des usages, de la pression démographique, du caractère partagé de la ressource avec les pays voisins puis de l'incidence des aléas climatiques. En effet, le bassin hydrographique du Nakanbé fait aussi partie du "grand" bassin de la Volta formé par les fleuves Mouhoun, Nakanbé et Nazinon qui prennent tous leur source au Burkina Faso mais se jettent au Ghana. Au total, ce sont six pays qui partagent les ressources du bassin de la Volta. OGUNTUNDE et *al.* (2006) révèlent à propos de ce bassin que ces trois dernières décennies ont été les plus sèches jamais observé dans son histoire hydrologique. En outre, les projections des impacts des tendances futures de la pluviométrie et de la température sur les ressources en eau indiquent que par rapport à la moyenne de la normale climatique 1961-1990, il y aura d'ici 2025 une augmentation des volumes annuels d'eau écoulés de 36% dans le bassin versant du Nakanbé en raison de l'important ruissellement consécutif à la dégradation avancée des terres et des ressources végétales. Mais en 2050, il est prévu une nette diminution de 30% des volumes annuels d'eau écoulés (MECV, 2007). Ainsi, face à ces enjeux futurs préoccupants et à l'importance de ce bassin pour la vie socio-économique des populations burkinabé, le Burkina Faso y a créé la première agence de l'eau du pays et de toute l'Afrique Occidentale en 2007, dénommée "Agence de l'Eau du Nakanbé-AEN" dont l'équipe technique est basée dans la ville de Ziniaré.

Il est ainsi le terrain d'expérimentation de la politique de gestion intégrée des ressources en eau (GIRE) approuvée en 2003 et consacrée comme la voie de résolution des questions liées à l'eau, et une opportunité d'élaborer et de promouvoir une stratégie d'adaptation aux effets du CC (MAHRH, 2003, 2004, 2006a, 2006b et 2009). Le bassin versant du Nakanbé abrite ainsi le projet pilote pour la mise en œuvre du Plan d'Action national pour la Gestion Intégrée des Ressources en Eau (PAGIRE). Le but est en premier lieu d'atteindre les Objectifs du Millénaire pour le Développement (OMD), qui sont d'œuvrer à ce que la proportion de ceux qui n'ont pas accès à l'eau potable et à un assainissement adéquat se réduise de moitié d'ici 2015.

Le bassin versant du Nakanbé illustre alors dans un contexte de VC, l'urgence d'apporter des solutions durables à la gestion des ressources en eau et plus encore au niveau de l'espace drainé par son cours principal qui concentre l'essentiel des ouvrages hydrauliques et des aménagements hydro-agricoles. D'où son choix.

La figure 7 ci-dessous présente le cadre géographique de la recherche et illustre l'organisation hydrologique du Burkina Faso.

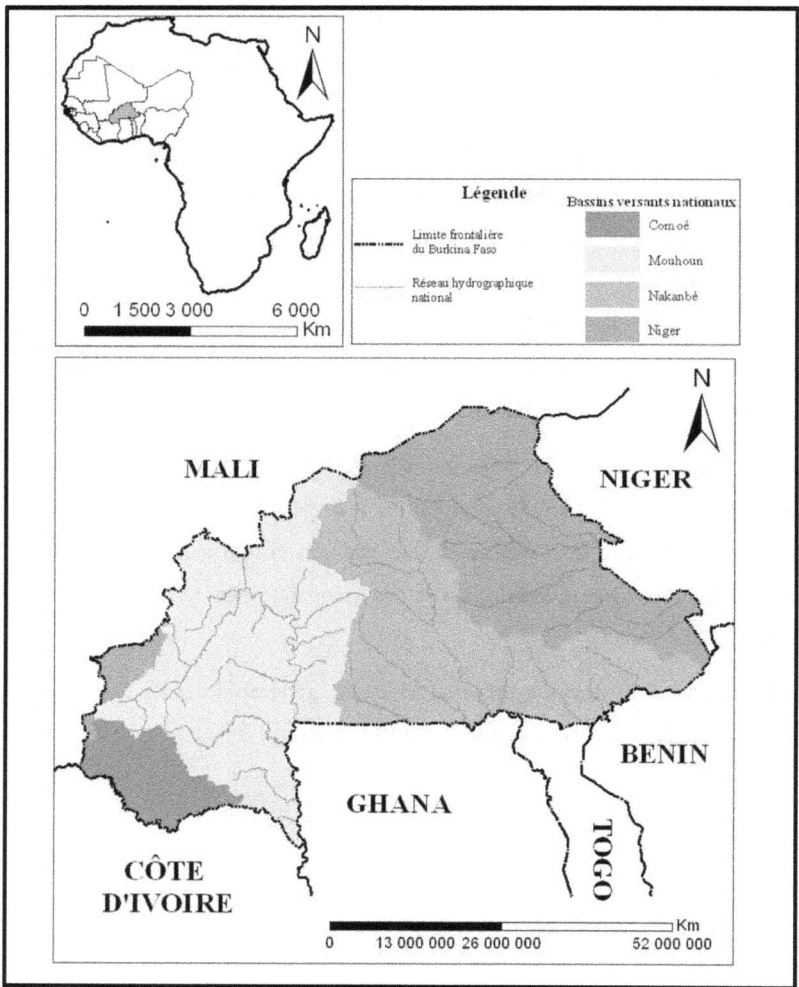

Figure 7 : Cadre géographique de l'étude

Source : Base de données GIRE, Burkina Faso.

Réalisation : Alida N. Thiombiano, avril 2011

CHAPITRE 2 : MÉTHODOLOGIE

Dans le cadre de cette recherche, deux approches ont été adoptées : une approche qualitative et participative auprès d'acteurs locaux usagers et gestionnaires de la ressource en eau dans une perspective de co-construction entre la science et les savoirs locaux, puis une approche quantitative en vue de faire une analyse statistiquement soutenue. Ces deux approches s'inscrivent dans une vision de complémentarité.

1. APPROCHE QUALITATIVE

Le réchauffement climatique et ses effets ont été certes acceptés sans équivoque grâce aux nombreux travaux scientifiques réalisés à ce jour. Toutefois, ils affectent des populations humaines à même de témoigner de certains effets manifestes des changements observés. D'ailleurs, de plus en plus de recherches prennent en compte cette possibilité de contribution qualitative crédible dans l'étude de la problématique des CC. C'est le cas de BYG et SALICK (2009), GRAY et MORANT (2003), NIELSEN et REENBERG (2010a) puis TEKA et VOGT (2010). D'où le choix de cette approche qualitative en vue d'approcher des acteurs locaux directement concernés par la question de l'eau et celle de la VC.

Des perceptions d'acteurs locaux de Bagré, village situé en aval du bassin hydrographique du Nakanbé ont été alors recueillies à travers des entrevues semi-dirigées. En effet, d'après SAVOIE-ZAJC (2009), l'entrevue est une interaction verbale entre interviewer et interviewé en vue de produire un savoir socialement construit. Il est question de *"personnes s'engageant volontairement dans une étude en vue de partager un savoir d'expertise pour mieux dégager conjointement une compréhension d'un phénomène d'intérêt pour elles"*.

De façon spécifique, l'entrevue semi-dirigée consiste en une *"interaction verbale animée de façon souple par le chercheur en ce sens qu'il se laissera guidé par le rythme et le contenu de l'échange en vue d'aborder les thèmes généraux qu'il souhaite explorer avec le participant"*.

Le choix de l'entrevue semi-dirigée répondait ainsi à un besoin de recueil du point de vue et du sens que se donnent des acteurs de la localité de Bagré par rapport à leur vécu passé, présent et à venir en rapport avec les variations observées au niveau du climat local. D'où une démarche de co-construction, car cette méthode de collecte des données est une aubaine de collaboration entre chercheurs et acteurs locaux. Ce type d'entretien est d'ailleurs très utilisé dans des études portant sur les savoirs locaux et leur importance dans la compréhension des systèmes socio-écologiques. En effet, déjà en 2003, GRAY et MORANT soulignaient que quoiqu'il y ait des différences entre les perceptions locales et les investigations scientifiques en raison des difficultés méthodologiques de part et d'autre dans l'évaluation des changements, la recherche doit œuvrer à réduire cette disparité. BYG et SALICK (2009) soutenaient également que la compréhension des systèmes socio-écologiques ne peut relever uniquement de la science et que pour ce faire, il est bon de reconnaitre que les connaissances locales contribuent à l'analyse de certains phénomènes comme les CC. TEKA et VOGT (2010) ont quant à eux montré l'importance des perceptions locales tout en soulignant qu'elles sont très souvent influencées par les pratiques culturelles, l'éducation, l'âge et les préjudices individuels. Il en est de même pour NIELSEN et REENBERG (2010a) qui relèvent l'importance de l'approche participative pour l'élaborer des stratégies d'adaptation aux CC.

Ainsi, même si les perceptions locales s'inscrivent dans un contexte culturel et social et sont une caractérisation des changements au niveau d'un environnement donné, elles permettent de montrer comment les CC se manifestent aux populations sur la base de leurs connaissances, pratiques culturelles et expériences.

Les entrevues semi-dirigées ont été de deux ordres : individuel et groupé. En effet, elles ont été faites durant la saison hivernale précisément au mois de juillet 2009, période durant laquelle les populations rurales effectuent leurs travaux champêtres accordant ainsi de l'importance au temps. En vue de les mobiliser, nous avons alors opté avec les responsables locaux pour des entrevues semi-dirigées par groupe d'acteurs à la manière de groupe de discussion ou "focus group" (GEOFFRION, 2009). En effet, un groupe de discussion est une *"technique d'entrevue qui réunit six à douze personnes et un animateur dans le cadre d'une discussion structurée sur un sujet particulier"*. C'est l'une des méthodes de recherche les plus populaires en sciences sociales. Elle recrée en effet un milieu social où des individus interagissent et le groupe donne un sentiment de sécurité aux participants.

D'ailleurs au Burkina Faso comme généralement en Afrique Occidentale rurale, il est de coutume de s'entretenir de cette façon sur des sujets donnés, car les gens se sentent en sécurité de partager ainsi leurs savoirs en assemblée. Quant aux entrevues semi-dirigées individuelles, elles ont touchées les responsables administratifs de la place en raison de la nature publique et particulière de chaque fonction. Pour l'échantillonnage, de prime à bord, nous nous intéressions à rencontrer d'une part tous les acteurs des secteurs d'activités dépendant des ressources en eau, et d'autre part les acteurs en mesure de témoigner de changements environnementaux et climatiques.

Alors, étant donné la difficulté à toucher ces acteurs en milieu qui nous était étranger, nous avons adopté la technique "boule de neige" (BEAUD, 2009), qui consiste à ajouter à un noyau d'individus tous ceux qui sont en relation avec eux et ainsi de suite. Comme nous faisions notre stage de terrain au sein du Noyau Technique de l'Agence de l'Eau du Nakanbé (NT-AEN), nous nous sommes appuyés sur son réseau de personnes ressources dans le village de Bagré. À partir donc des responsables des Comités Locaux de l'Eau (CLE) de Bagré qui sont le maillon local pour la mise en place de la GIRE, nous avons émis le souhait de rencontrer des acteurs des différents secteurs d'activités ayant une relation avec la ressource en eau mais aussi capable de nous relater l'évolution de cet environnement local. C'est ainsi que différents acteurs ont été contactés et mobilisés par le responsable adjoint du CLÉ de Bagré. Il s'agissait d'agriculteurs, d'éleveurs, de pêcheurs, de femmes, du président de la Commission Villageoise de Gestions des Terroirs (CVGT), du Maire de la commune de Bagré et d'Agents Techniques de l'Agriculture (ATA), de l'Élevage (ATE), de la Maîtrise de l'Ouvrage de Bagré (MOB) et de la Société Nationale d'Électricité du Burkina (SONABEL). Les entretiens ont été réalisés en juillet 2009 et ont porté sur leurs perceptions des changements environnementaux et surtout climatiques. Ils se déroulaient autour d'un guide d'entretien général en vue d'examiner la perception sur les changements observés, puis de guides spécifiques relatifs aux différentes catégories d'activités afin de voir comment chacune se trouvait affectée par ces changements. Il leurs était demandé globalement de parler de l'évolution du climat à travers des indices locaux (quantité et répartition des pluies, sensation de la chaleur et du froid, puissance des vents), de l'évolution de la durée des saisons pluvieuse et sèche, comment ils se sentaient affectés par certains changements et les mesures d'adaptation locales. En outre, étaient abordées les questions de la disponibilité, de l'accès et de la gestion de l'eau.

Les entrevues par groupe de discussion ont concerné les agriculteurs, les maraichers, les éleveurs, les pêcheurs et les femmes. Elles ont mobilisé chacune en moyenne une dizaine de personnes puis, les lieux et les heures des rencontres étaient choisis par les acteurs eux-mêmes. Les entrevues individuelles ont concerné d'une part l'agent technique de l'agriculture, de l'élevage, de la MOB et de la SONABEL, et d'autre part le responsable de la commission villageoise de gestion des terroirs et le Maire de la commune de Bagré. Au total 11 entrevues ont été faites et ont mobilisé plus d'une cinquantaine de personnes à Bagré. Elles étaient enregistrées suivant l'accord des acteurs à l'aide d'un dictaphone et transcrites partiellement dans un traitement de texte. En effet, ce type de transcription a été préféré à la transcription dite "verbatim" en vue d'alléger le processus de traduction-transcription, car les entretiens été faits en langue locale "Mooré". Ce mode de transcription a ainsi permis d'éliminer progressivement les redondances et les éléments jugés sans intérêt pour la recherche. En effet, il est courant lors des entrevues que les participants émettent plus de doléances et cherchent à faire passer des messages de plaintes et de sollicitations sans rapport avec la thématique de la recherche.

Les informations transcrites étaient organisées par catégorie d'acteurs et en thématiques : [1] l'évolution de l'état de l'environnement et du climat; [2] leurs impacts sur les ressources naturelles; [3] leurs impacts sur les activités socio-économiques, [4] les stratégies d'adaptation en place et/ou proposées; [5] la disponibilité, l'accès et la gestion locale des ressources en eau.

2. APPROCHE QUANTITATIVE

Plusieurs méthodes ont été utilisées en vue de quantifier à l'aide de statistique simple et de test statistique, l'évolution de données de pluviométrie (P en mm), de température (T°C) et d'évapotranspiration potentielle (ETP en mm). Il s'agit de l'analyse statistique de comparaison simple, du test statistique de tendance de Mann-Kendall (MK) et de l'estimation des magnitudes des tendances avec la méthode de Sen.

2.1. Méthode de comparaison simple

C'est une méthode d'analyse statistique simple des variations d'une variable climatique entre deux périodes (FU et *al.,* 2010). Des moyennes arithmétiques et décennales ainsi que des normales climatiques (moyennes sur 30 ans selon la norme d'appréciation de la variabilité du climat de l'OMM) ont été ainsi générées en vue de quantifier les taux de changements dans l'évolution de P, T et ETP. Dans la présente recherche, leurs moyennes décennales ont été analysées par rapport aux normales climatiques auxquelles elles appartiennent et ce, en vue de voir la variation de ces moyennes décennales par rapport à des moyennes sur 30 ans qui les incluent. Les calculs statistiques ont été faits suivant l'équation 1 :

$$\text{Variation (\%)} = \left(\frac{Dx-Ny}{Ny}\right) * 100 \tag{1}$$

Où D représente la moyenne décennale, N la moyenne normale, x et y les périodes de comparaison.

2.2. Méthode du test de tendance de Mann-Kendall (MK)

Le test non-paramétrique de Mann-Kendall (MK) est un test statistique de détection de changements et d'évaluation de tendances significatives dans les études hydroclimatiques (BURNS et *al.*, 2007; CHAOUCHE et *al.*, 2010; CHEN et *al.*, 2007; FATICHI et CAPORALI, 2009; FU et *al.*, 2005; KUMAR et JAIN, 2010; OGUNTUNDE et *al.*, 2006; YU et *al.*, 1993; YUE et *al.*, 2002; ZHANG et *al.*, 2008). En effet, ce test reconnu comme un outil efficient dans l'étude des tendances de séries de données, a été appliqué aux données mensuelles et annuelles de P, T et ETP des stations de Ouahigouya, Ouagadougou et Pô aux niveaux de signification α de 5% et 10%. Ces seuils de signification sont en effet les plus utilisés dans ce type de recherches. Toutefois, l'usage de ce test dans cette étude s'est fait avec le logiciel XLSTAT-Version 2010 qui a été téléchargé gratuitement sur Internet via le moteur de recherche Google. En effet, son outil de traitement statistique XLSTAT-Time dans lequel se situe le test de Mann-Kendall a été utilisé pour l'application de ce test aux données climatiques collectées. XLSTAT est un *"logiciel statistique dont le fonctionnement s'appuie sur Microsoft Excel pour la saisie des données et la publication des résultats"* et XLSTAT-Time est l'*"outil puissant d'analyse des séries chronologiques"* (ADDINSOFT, 2010). Sa composante "Test de Mann-Kendall" a été utilisée pour le traitement statistique des données mensuelles et annuelles de P, T et ETP aux stations synoptiques de Ouahigouya, Ouagadougou et Pô. Le principe de base est d'aller chercher les données à traiter dans un fichier Excel, de choisir le type de test (standard dans notre cas), puis de faire le choix du test d'hypothèse sur le coefficient de corrélation et celui du seuil de signification de la dépendance entre les variables étudiées. En vue d'apprécier la relation de dépendance ou non entre les variables suivant l'hypothèse testée, les statistiques suivantes sont générées : la statistique S, le tau ou coefficient des rangs de Kendall et la p-value ou variable réduite.

En effet, le tau de Kendall ou coefficient de corrélation des rangs de Kendall est une statistique qui permet de mesurer l'association entre deux variables, la corrélation des rangs. Tester ce tau revient à l'utiliser pour tester une dépendance statistique. C'est à l'aide de ce tau que se calcule la statistique Z à laquelle est attribuée la probabilité cumulative correspondante qui permet le calcul de la p-value. Toutefois, c'est en fonction du type de test (unilatéral ou bilatéral), que cette p-value est calculée, et si elle est plus grande que le niveau de signification choisi, l'hypothèse nulle peut être rejetée. Dans le cas contraire, l'hypothèse alternative (tendance) est acceptée et sert à la détermination de la direction des tendances. L'hypothèse nulle du test de MK stipule qu'il n'y a pas de tendance significative dans la série et fut retenue comme l'hypothèse de base dans cette étude.

2.3. Méthode d'estimation des magnitudes des tendances

Cette méthode permet de calculer la magnitude des tendances significatives détectées. Pour cette étude, c'est la méthode d'estimation des pentes de Sen qui a été utilisée pour calculer les magnitudes des tendances significatives détectées pour P, T et ETP à la suite de l'application du test de tendance de MK (BURNS et *al.,* 2007; FU et *al.,* 2010; OGUNTUNDE et *al.,* 2006; SEN, 1968; YU et *al.,* 1993). Le principe est que la magnitude est obtenue en calculant la médiane de toutes les paires de combinaison possible de pente pour chacune des séries de données de P, T et ETP.

CHAPITRE 3 : PRÉSENTATION DES RÉSULTATS DES ANALYSES STATISTIQUES DESCRIPTIVES SOUS FORMAT ARTICLE

RÉSUMÉ

Au Burkina Faso, les ressources en eau sont limitées et leur disponibilité est aléatoire compte tenu de la variabilité spatio-temporelle des paramètres climatiques. D'où de multiples pressions sur la ressource de sorte qu'être en mesure d'organiser sa gestion assurerait un équilibre socio-économique dans les bassins versants du Burkina Faso. Cette étude a porté sur celui drainé par le fleuve Nakanbé qui est l'une des principales zones de concentration en termes de dynamiques humaines et de représentativité économique et politique. Il subit un processus de dégradation accéléré de son environnement depuis la décennie 1970 et illustre l'urgence de se pencher sur la gestion de sa ressource en eau. Cette étude traite de l'évolution des tendances historiques de la pluviométrie, de la température et de l'évapotranspiration potentielle à l'aide d'analyse statistique de comparaison simple, du test statistique de détection des tendances de Mann-Kendall et de la méthode d'estimation des pentes de Sen, puis examine les effets probables sur les ressources en eau. Le test de Mann-Kendall a ainsi détecté au seuil de signification de $\alpha=0,05$, des tendances annuelles à la baisse pour la pluviométrie et à la hausse pour la température aux stations de Ouahigouya et Ouagadougou. Des actions d'adaptation sont engagées dans ce contexte en lien avec la politique de gestion intégrée des ressources en eau. Les résultats de cette étude se veulent être un outil pour appréhender la vulnérabilité du bassin hydrographique du fleuve Nakanbé à la variabilité climatique en vue d'une gestion durable des ressources en eau.

Mots clefs : Burkina Faso; Fleuve Nakanbé; Eau; Variabilité-Changement Climatique

ABSTRACT

In Burkina Faso, water resources are limited and their availability is irregular given the spatial and temporal variability of climatic parameters. So, this resource is subject to many pressures and, being able to organize its management would provide equal opportunities of socio-economic development in Burkina Faso watersheds. This study is focused on the watershed of the Nakanbé River, which is one of the main areas of concentration in terms of human dynamics but also economic and political representativeness. For this, the Nakanbé River watershed as experienced an accelerated degradation of its environment since the 1970s. Consequently, it became necessary and urgent to address the management of its water resources. This paper analyses in one hand trends in rainfall, temperature and potential evapotranspiration time data sets through simple comparison analysis, Mann-Kendall trend test and and Sen's slope estimation method. In an other hand, it examines the likely effects on water resources. For example, the Mann-Kendall test detected at a significance level of $\alpha = 0.05$, a downward yearly trends of rainfall and an higher yearly trends of temperature at Ouahigouya and Ouagadougou stations. Therefore, adaptation actions are engaged in connection with integrated management of water resources policy. The results of this study is intended as a tool for understanding the vulnerability of the Nakanbé River watershed to climate variability for the sustainable management of its water resources.

Key words: Burkina-Faso; Nakanbé River; water; climate change-variability;

1. INTRODUCTION

Depuis plus de deux décennies, la question du réchauffement et des changements climatiques (CC) est au cœur des préoccupations mondiales en raison des grands enjeux qu'ils suscitent pour toutes les formes de vie sur Terre. Une des grandes conséquences est la perturbation des cycles hydrologiques avec comme défi du 21ème siècle, la problématique de la disponibilité qualitative et quantitative des ressources en eau. En effet, au 5ème forum mondial sur l'eau tenu à Istanbul en mars 2009, il est ressorti que dans vingt ans, plus de la moitié de la planète souffrira d'un stress hydrique important si des mesures ne sont pas prises face au dysfonctionnement climatique actuel. Particulièrement en Afrique, la hausse de la température entre 1980-1999 et 2080-2099 va varier entre 3°C et 4°C soit 1,5 fois plus qu'au niveau mondial (CEDEAO-CSAO/OCDE, 2008). Les scénarios du Groupe d'experts Intergouvernemental sur l'Évolution du Climat (GIEC, 2007) indiquent également que 75 à 250 millions de personnes souffriront d'un stress hydrique accentué par les CC d'ici 2020. Au Burkina Faso, l'état des lieux sur l'évolution des paramètres climatiques indiquent aussi un réchauffement des températures de l'air et une diminution des précipitations totales que confirment les tendances des simulations réalisées : une hausse des températures moyennes annuelles de 0,8°C et 1,7°C, puis une baisse de la pluviométrie moyenne annuelle de 3,4% et 7,3% respectivement pour 2025 et 2050 par rapport à la moyenne de 1961-1990 (Ministère de l'Environnement et du Cadre de Vie (MECV), 2007). Ainsi, le Burkina Faso n'est pas à l'abri de la problématique du réchauffement climatique et de la disponibilité des ressources en eau. En effet, son développement à l'instar de celui des autres pays en Afrique Occidentale Sahélienne (AOS) est entravé par les sécheresses répétitives à cause de la corrélation entre la pluviométrie et la croissance économique des pays ouest-africains (JULIEN, 2006).

Au Burkina Faso, ce sont les précipitations qui alimentent les retenues de surface et les nappes phréatiques, mais elles sont insuffisantes, aléatoires, mal réparties et 80% s'évaporent. De plus, en année de pluviosité moyenne, la capacité de stockage en eau de surface passe de plus de 5 milliards de mètres cubes à 2,66 milliards de mètres cubes (Ministère de l'Environnement et de l'Eau (MEE), 2001).

Le Burkina Faso connait depuis la décennie 1970, des phénomènes de sécheresse récurrents et intenses causés par le déficit pluviométrique. On retiendra les sécheresses des années 1972-1973 et 1983-1984 qui ont provoqué un manque d'eau et une famine (CEDEAO-CSAO/OCDE, 2008). En effet, LEBEL et ALI (2009) puis LEBEL et *al.* (2009) insistent qu'elles furent les évènements climatiques régionaux les plus significatifs du 20ème siècle. DORE (2005), HULME (2001), LEBEL et VISCHEL (2005), MAHE et PATUREL (2009), NIELSEN et REENBERG (2010b) soulignent également qu'elles ont été l'exemple dramatique de la variabilité climatique (VC) dans le monde. De plus, MAHE et PATUREL (2009) précisent que malgré la reprise de la pluviométrie depuis la fin de la décennie 1990, la moyenne annuelle quoique supérieure à celle de la décennie 1980 demeure similaire à celle de la décennie 1970. ALBERGEL (1987) indiquait aussi que les déficits pluviométriques de 1983-1984 révélaient qu'après les sécheresses de 1972-1973, l'AOS n'avait pas retrouvé sa pluviosité d'antan, car jamais la pluviométrie d'une région n'avait connu pareil affaiblissement en intensité, en persistance et en extension géographique. Les estimations de cette baisse vont de 15 à 20% durant la décennie 1980 par rapport à celle de 1950 (MAHE et PATUREL, 2009), et entre 20 et 30% durant les trois décennies après celle de 1960 (NIELSEN et REENBERG, 2010b). DORE (2005) indique que les mois de juillet et août ont été les plus affectés.

De nombreuses études soulignent la forte variabilité saisonnière, interannuelle et multi-décennale de la pluviométrie des régimes tropicaux secs et ont analysé les facteurs en cause (BOULAIN et *al.,* 2009; CEDEAO-CSAO/OCDE, 2008; CILSS-AGRHYMET, 2010; DORE, 2005; GUILLAUMIE et *al.,* 2005; HULME, 2001; LEBEL et VISCHEL, 2005; LEBEL et ALI, 2009; LEBEL et *al.,* 2009; LOUVET, 2008; MAHE et PATUREL, 2009; NICHOLSON, 2000; OJO et *al.,* 2004). D'ailleurs, CILSS-AGRHYMET (2010) stipule qu'au cours des années à venir, il faudrait s'attendre à des situations contrastées alternées de sécheresse et d'excédents pluviométriques en AOS. Le Burkina Faso a dans ce contexte connu ces dernières années des épisodes pluvieux extrêmes dont la pluie "diluvienne" tombée sur Ouagadougou la capitale et ses environs au matin du 1er septembre 2009 avec près de 300 millimètres en 12 heures selon le Centre météorologique principal de Ouagadougou, pluviométrie jamais enregistrée depuis 1919 et habituellement mensuelle.

Or en 2007, le Burkina Faso avait était affecté par des inondations comme un peu partout dans le monde, considérées comme les pires des dernières décennies selon l'Organisation des Nations Unies pour l'Alimentaire et l'Agriculture (FAO) et l'Organisation Météorologique Mondiale (OMM). Toutefois, le GIEC (2007) avait indiqué la probabilité que des épisodes de fortes pluies augmentent dans de nombreuses régions y compris celles dans lesquelles on anticipe une diminution de la moyenne des précipitations. Néanmoins, de nombreuses incertitudes demeurent quant aux incidences des CC sur les phénomènes hydrologiques quoique la hausse des températures ait un effet perturbateur significatif sur le cycle de l'eau, notamment sur les extrêmes climatiques.

Le Burkina Faso avec une population à 82% rurale, présente des risques de vulnérabilité aux effets d'une VC. Deux hypothèses ont été alors développées : [1] le climat du Burkina Faso a connu des variations climatiques et le bassin hydrographique du fleuve Nakanbé est une étude de cas pertinente; [2] le Burkina Faso subit les effets du réchauffement et des CC et ceux-ci pourraient avoir une influence sur ses précipitations, ses températures et ses taux d'évaporation. L'objectif principal poursuivi est d'étudier l'évolution spatio-temporelle du climat au Burkina Faso à travers l'analyse de paramètres climatiques dans le bassin hydrographique du fleuve Nakanbé, puis d'examiner les effets probables sur les ressources en eau. Sont présentées et discutées dans cet article, les données collectées, la méthodologie et les résultats d'analyse.

2. MATÉRIELS ET MÉTHODES

2.1. Zone d'étude

L'étude a porté sur le bassin versant du Nakanbé (figures 8a, 8b) d'une superficie de 81 932 km^2 avec 40 % de la population nationale, et spécifiquement le bassin hydrographique drainé par le cours principal du fleuve Nakanbé (figure 8c). Le fleuve Nakanbé, 2ème plus important du Burkina Faso, prend sa source à 335 mètres d'altitude au nord-est de Ouahigouya, s'écoule sur près de 516 kilomètres dans le territoire burkinabé avant de se jeter dans le barrage d'Akosombo au Ghana. Son bassin versant baigne dans un climat tropical sec à dominance sahélo-soudanienne avec une saison humide de juin à septembre dominée par des vents humides en provenance du Golfe de Guinée, et une saison sèche de novembre à avril caractérisée par des vents de secteur nord-est appelés harmattan et chargés de poussière (MECV, 2007).

Trois zones climatiques le couvrent : la zone sahélienne (zone d'influence de la station de Ouahigouya) avec une pluviométrie totale annuelle (P) comprise entre 300 et 600 mm, une température moyenne annuelle (T) de 29°C et une évapotranspiration potentielle (ETP) moyenne annuelle allant de 3200 à 3500 mm; la zone soudano-sahélienne (zone d'influence de la station de Ouagadougou) avec 600<P<900 mm, T=28°C, 2600<ETP<2900 mm; la zone soudanienne (zone d'influence de la station de Pô) avec 900<P<1200 mm, T=27°C, 1800<ETP<2000 (MECV (2007).

Ce bassin versant est porteur d'enjeux majeurs relatifs aux ressources en eau en raison de la multiplicité des usages qui s'y opèrent puis des contraintes géologiques et climatiques (Ministère de l'Agriculture, de l'Hydraulique et des Ressources Halieutiques (MAHRH), 2004). D'ailleurs, les projections des impacts des tendances futures de la pluviométrie et de la température sur les ressources en eau indiquent par rapport à la moyenne climatique de 1961-1990, qu'il y aura d'ici 2025 une augmentation des volumes annuels d'eau écoulés de 36 % en raison de la dégradation de ce bassin et de l'important ruissellement. Mais en 2050, il est prévu une nette diminution de 30 % des volumes écoulés (MECV, 2007).

Le bassin versant du Nakanbé abrite par ailleurs 242 des 1 456 barrages que compte le Burkina Faso (MAHE et *al.,* 2005) dont l'essentiel se concentre dans le bassin hydrographique drainé par le cours principal de son fleuve. Il est ainsi reconnu comme le plus stratégique en raison des dynamiques humaines qui s'y opèrent et de sa représentativité économique et politique (MAHRH, 2004). En effet, l'importance et les enjeux de ce bassin sont tels que le Burkina Faso y a créé en 2007 l'Agence de l'Eau du Nakanbé, première du genre en Afrique Occidentale.

Cette agence accueille le projet pilote d'expérimentation de la nouvelle politique de gestion intégrée des ressources en eau (GIRE) consacrée comme la voie de résolution des questions liées à l'eau, puis une opportunité d'élaborer et de promouvoir des stratégies d'adaptation aux effets du CC.

Figure 8: Cadre géographique de la zone d'étude : (a) Situation du Burkina Faso en Afrique Occidentale; (b) Bassin versant du Nakanbé; (c) Zone d'étude: Bassin hydrographique du fleuve Nakanbé

Figure 8 : Geographical framework of the study area: (a) Status of Burkina Faso in West Africa; (b) Nakanbé watershed; (c) Case study: Nakanbé River watershed

2.2. Données de base

Le Burkina Faso dispose d'un réseau météorologique constitué de stations synoptiques où se mesurent à une échelle journalière, entre autres, la précipitation totale (P), la température moyenne (T) et l'évaporation totale (E). La direction de la météorologie nationale calcule aussi l'évapotranspiration totale (ETP) à l'aide de l'équation de Penman-Monteith. Dans cette étude, trois paramètres climatiques ont été utilisés : la précipitation totale mensuelle, la température moyenne mensuelle et l'évapotranspiration potentielle totale mensuelle. En effet, P et T constituent les paramètres climatiques qui ont le plus grand impact sur les ressources naturelles et les secteurs d'activités du fait de leur variabilité interannuelle et intrasaisonnière (MECV, 2007). Quant à ETP, elle est importante dans le cycle hydrologique, car elle intègre les demandes des conditions atmosphériques et de surface. Elle représente aussi le principal moyen de perte des eaux des bassins versants et possède une grande incidence sur l'humidité du sol, la recharge de la nappe souterraine et le ruissellement (LIANG et *al.*, 2010).

Trois stations synoptiques (Ouahigouya, Ouagadougou et Pô) ont été retenues à l'aide de la méthode des polygones de Thiessen. Les données climatiques obtenues pour chacune d'elles sont de périodes variables. Pour la station de Ouahigouya et de Ouagadougou, 68 années (1940 à 2008) d'observation de P et T et 47 années (1961 à 2008) d'observation de ETP. Pour la station de Pô, on observe des données de P sur 66 années (1942 à 2008), de T sur 26 années (1982 à 2008) et de ETP sur 24 années (1984 à 2008).

2.3. Approche quantitative

2.3.1. Méthode de comparaison simple

Des moyennes arithmétiques et décennales ainsi que des normales climatiques (moyennes sur 30 ans selon la norme d'appréciation de la variabilité du climat de l'OMM) ont été générées en vue de calculer les taux de variation dans l'évolution de P, T et ETP (FU et *al.*, 2010).

Dans cette étude, les décennies ont été analysées par rapport aux normales climatiques auxquelles elles appartiennent à l'aide de l'équation 1 :

$$Variation = \left(\frac{Dx - Ny}{Ny}\right) * 100 \qquad (1)$$

Où D représente la moyenne décennale, N la normale, x et y les dates de comparaison.

Au Burkina Faso, la normale climatique de référence est 1961-1990. Toutefois dans cet article, d'autres normales climatiques ont été également considérées en vue de présenter les taux de variations multidécennales d'une normale climatique à l'autre.

2.3.2. Méthode du test de tendance de Mann-Kendall

Le test non-paramétrique de Mann-Kendall (MK) est un test statistique de détection de tendances des séries chronologiques qui est utilisé dans les études hydroclimatiques (BURNS et *al.*, 2007; CHAOUCHE et *al.*, 2010; CHEN et *al.*, 2007; FATICHI et CAPORALI, 2009; FU et *al.*, 2005; KUMAR et JAIN, 2010; OGUNTUNDE et *al.*, 2006; YU et *al.*, 1993; YUE et *al.*, 2002; ZHANG et *al.*, 2008). Son application se fait suivant l'équation 2 et ses dérivés (3, 4, 5) :

$$Z = \begin{cases} \dfrac{S-1}{\left(Var(s)\right)^{1/2}} & si\ S > 0 \\[3mm] 0 & si\ S = 0 \\[3mm] \dfrac{S+1}{\left(Var(s)\right)^{1/2}} & si\ S < 0 \end{cases} \qquad (2)$$

où :

$$Var(S) = \frac{\left\{n(n-1)(2n+5) - \sum_{p=1}^{g} t_p(t_p-1)(2t_p+5)\right\}}{18} \qquad (3)$$

$$S = \sum_{k=1}^{n-1} \sum_{j=k+1}^{n} sgn\left(x_j - x_k\right) \qquad (4)$$

$$sgn(\theta) = \begin{cases} 1\ si\ \theta > 0 \\[2mm] 0\ si\ \theta = 0 \\[2mm] -1\ si\ \theta < 0 \end{cases} \qquad (5)$$

où x représente un échantillon de n variables indépendantes et aléatoirement distribuées, g est le nombre de groupe dont les valeurs sont égales et t_p le nombre de données dans le $p^{ème}$ groupe. Ce test a été appliqué aux données mensuelles et annuelles de P, T et ETP des stations de Ouahigouya, de Ouagadougou et de Pô aux niveaux de signification α de 5% et 10%. En vue d'apprécier la relation de dépendance ou non entre les variables, le tau de Kendall et la variable réduite ont été générés comme données de sortie. En effet, si la variable réduite calculée est plus grande que le niveau α, alors l'hypothèse nulle (aucune tendance) est rejetée. Dans le cas contraire, l'hypothèse alternative (tendance) est acceptée et sert à la détermination de la direction des tendances.

2.3.3. Méthode d'estimation des magnitudes des tendances

La méthode d'estimation des pentes de Sen a été utilisée pour calculer la magnitude des tendances détectées pour P, T et ETP à la suite de l'application du test de tendance de MK (BURNS et *al.*, 2007; FU et *al.*, 2010; OGUNTUNDE et *al.*, 2006; SEN, 1968; YU et *al.*, 1993). Elle est obtenue en calculant la médiane de toutes les paires de combinaison possible de pente pour chacune des séries de données de P, T et ETP.

3. RÉSULTATS ET DISCUSSION

3.1. Variabilité climatique dans le bassin hydrographique du Nakanbé

3.1.1. Caractérisation climatique

Les statistiques descriptives, les moyennes décennales et les normales climatiques consignées dans le tableau 1 présentent une caractérisation détaillée de P, T et ETP aux stations synoptiques de Ouahigouya, Ouagadougou et Pô.

En effet, les moyennes décennales révèlent qu'après la décennie 1960, la pluviométrique n'a pratiquement plus recouvrée ses valeurs des années 1950 et 1960 dans les trois stations.

Tableau 1 : Caractéristiques climatiques des stations d'étude

Table 1. Climatic characteristics of study stations

Variables	OUAHIGOUYA			OUAGADOUGOU			PÔ		
	P (mm)	T (°C)	ETP (mm)	P (mm)	T (°C)	ETP (mm)	P (mm)	T (°C)	ETP (mm)
	Statistiques descriptives								
Période d'observation	1940-2008	1940-2008	1961-2008	1940-2008	1940-2008	1961-2008	1942-2008	1982-2008	1984-2008
Minimum	358,2	27,8	1848,4	498,6	27,7	1834,4	503,3	27,1	1786,7
Maximum	964,7	30,1	2274,5	1183,2	29,5	2166,4	1429,0	28,9	2026,4
Moyenne	658,9	28,8	2100,6	799,4	28,4	2019,2	966,0	27,9	1896,9
Écart-type	138,7	0,5	97,9	151,7	0,4	81,9	179,9	0,48	62,7
	Moyennes par décennie								
D1 1941-1950	683,1	29,2	nd	833,6	28,5	nd	1022,1	0,0	nd
D2 1951-1960	749,3	28,6	nd	936,3	28,2	nd	995,5	0,0	nd
D3 1961-1970	699,3	28,3		845,2	28,2	1963,4	1010,8	0,0	nd
D4 1971-1980	576,9	28,5	2043,1	815,7	28,2	1961,3	828,3	0,0	0,0
D5 1981-1990	514,5	28,9	2117,6	705,5	28,5	2032,9	848,4	27,7	1962,1
D6 1991-2000	681,8	28,7	2117,7	710,6	28,6	2029,8	1060,5	27,7	1861,1
D7 2001-2010	694,6	29,5	2088,0	719,8	29,1	2131,2	1011,3	28,4	1884,7
	Normales climatiques								
N1 1941-1970	710,5	28,7	nd	871,7	28,3	nd	1009,0	nd	nd
N2 1951-1980	675,1	28,5	nd	865,7	28,2	nd	944,9	nd	nd
N3 1961-1990	596,9	28,6	2098,3	788,8	28,3	1985,9	895,8	nd	nd
N4 1971-2000	591,0	28,7	2092,8	743,9	28,4	2008,0	912,4	nd	nd
N5 1981-2010	625,7	29,0	2109,2	711,4	28,7	2059,9	970,7	27,9	1896,9

nd = pas de données; D1 = décennie n°1; N1 = normale climatique n°1

ALBERGEL (1987), CEDEAO-CSAO/OCDE (2008), LOUVET (2008), MAHE et PATUREL (2009), NIELSEN et REENBERG (2010b) ont analysé cette difficile reprise de la pluviométrie après 1970 malgré un retour à des conditions meilleures durant la décennie 1990. En plus, les figures 9 et 10 illustrent respectivement les comportements mensuel et annuel de P, T et ETP aux stations et périodes d'observation de l'étude.

La figure 9 révèle que août est le mois le plus pluvieux avec 208,0 mm dans la zone d'influence de la station de Ouahigouya (figure 4a), 236,2 mm dans celle de Ouagadougou (figure 4b) et 264,4 mm au niveau de Pô (figure 4c). Avril et janvier sont respectivement le plus chaud et le plus froid avec 33,2°C et 24,4°C à Ouahigouya, 32,8°C et 25°C à Ouagadougou, 31,9°C et 26°C à Pô. Le mois de mars enregistre le pic de ETP avec 209 mm à Ouahigouya, 206,7 mm à Ouagadougou et 183,7 mm à Pô. On remarque surtout que ETP est supérieure à P presque toute l'année, car c'est seulement durant les mois les plus pluvieux (juillet, août, septembre) que P lui est supérieure.

En effet, les régimes tropicaux secs se distinguent par leur cycle saisonnier bien marqué et stable avec une forte évapotranspiration supérieure à la pluviométrie presque toute l'année, d'où leur sensibilité aux sécheresses, car les pertes d'eau par évapotranspiration y sont très importantes en saison sèche (GUILLAUMIE et al., 2005; LEBEL et VISCHEL, 2005; OJO et al., 2004). En plus dans ces régions, ETP représente 60-65% de P en année de bonne pluviométrie, mais est supérieure à 85% en année sèche (BOULAIN et al., 2009). Cette situation illustre déjà la problématique de disponibilité en eau avec des pluies qui se concentrent sur trois mois, de fortes évaporations neuf mois sur douze et des températures élevées (24°C et plus) presque toute l'année.

PERRIER et *al.* (2005) explique la forte évapotranspiration par la dégradation ou l'absence de couverture végétale qui fait que l'évapotranspiration propre aux continents est remplacée par l'évaporation climatique des océans. Le bassin du Nakanbé a en effet connu une forte dégradation de son couvert végétal depuis les années 1990 à des fins d'aménagements de périmètres irrigués (MAHRH, 2004).

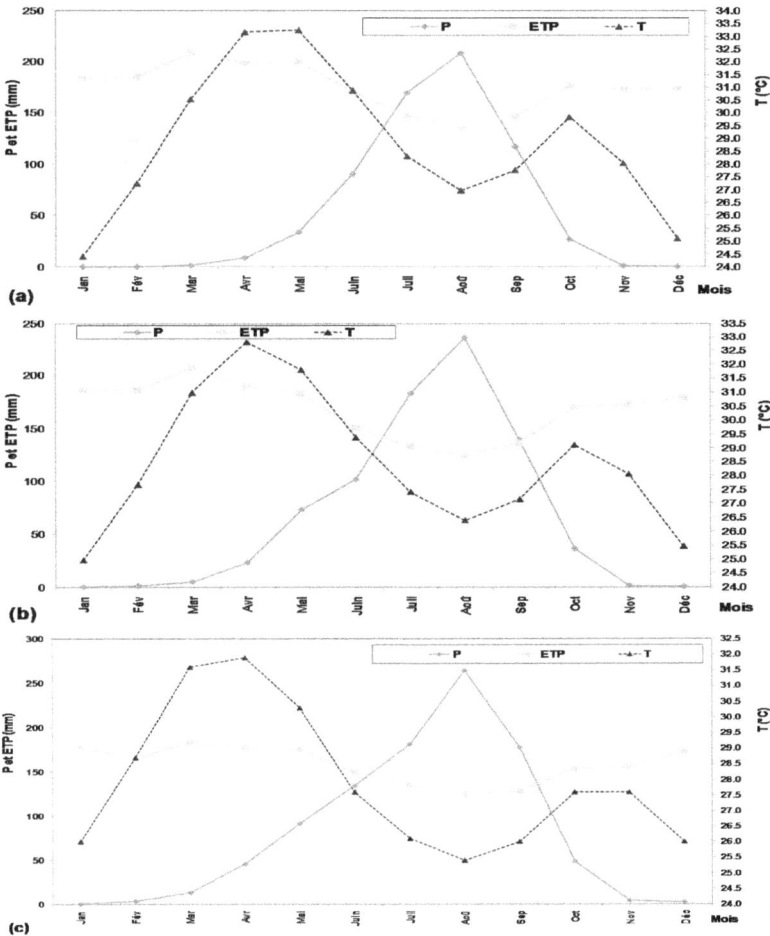

Figure 9 : Comportements mensuels de P, T et ETP : (a) Station de Ouahigouya; (b) Station de Ouagadougou; (c) Station de Pô

Figure 9: Monthly behaviours of P, T and FTE: (a) Ouahigouya station; (b) Ouagadougou station; (c) Po station

La figure 10 révèle la variabilité interannuelle de P et T. En effet, plusieurs recherches (BOULAIN et *al.*, 2009; LOUVET, 2008) soulignent qu'en AOS, la pluviométrie présente une importante variabilité annuelle, interannuelle et décennale. Par ailleurs, l'application des courbes de tendance linéaires illustre pour P une tendance à la reprise timide pour Ouahigouya avec une pente (p) de 0,6 (figure 10a), une tendance à la baisse à la station de Ouagadougou avec p = -3,9 (figure 10b), et une tendance à la hausse pour Pô avec p = 6,1 (figure 10c). La tendance est à la hausse pour T dans les trois stations. ETP connait une tendance à la hausse dans la zone de Ouagadougou (p = 3,7), à la baisse à Ouahigouya (p = -0,06) et à Pô (p = -3,8). En effet, la tendance de chacun de ces paramètres est affectée par l'évolution de l'un ou l'autre, car des études indiquent qu'il existe une corrélation significative entre l'évolution de P, T et ETP (HUANG et *al.,* 2009; KUMAR et JAIN, 2010; MAHE et PATUREL, 2009; ZHANG et *al.*, 2008).

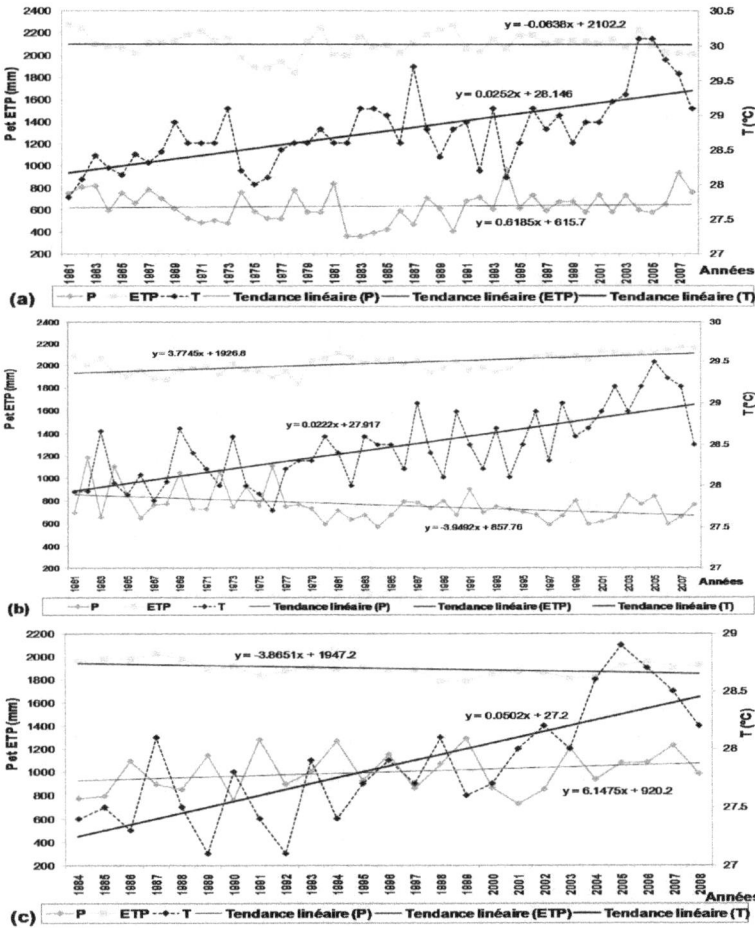

Figure 10: Comportements annuels de P, T et ETP : (a) Station de Ouahigouya; (b) Station de Ouagadougou; (c) Station de Pô

Figure 10: *Annual behaviours of P, T and FTE: (a) Ouahigouya station; (b) Ouagadougou station; (c) Po station*

70

3.1.2. Variations décennales

Les moyennes décennales consignées dans le tableau 1 montrent que les décennies 1970 et 1980 ont été affectées par un déficit hydrique des plus importants et que les décennies 1950 et 1980 se démarquent respectivement comme la plus pluvieuse et la plus sèche surtout aux stations de Ouahigouya et Ouagadougou. DORE (2005) décrit ainsi la décennie 1950 comme une aux pluviométries excédentaires. La décennie 2000 fut la plus chaude de toutes, ce qui concorde avec le communiqué en janvier 2011 de l'OMM sur le constat que la décennie 2000 et l'année 2010 furent les plus chaudes dans l'histoire et que cela confirme une tendance significative au réchauffement à long terme. Également, selon CILSS-AGRHYMET (2010), les décennies 1990 et 2000 ont été les plus chaudes en AOS depuis 1861, principalement les années 1998, 2002, 2003 et 2005.

L'analyse de comparaison simple a alors permis de quantifier l'évolution décennale de P, T et ETP par rapport à des normales climatiques (tableau 2). Par exemple, la décennie 1990 (D6) indique respectivement des déficits pluviométriques de 4,48% et 0,12% au niveau de Ouagadougou par rapport aux normales climatiques 1971-2000 (N4) et 1981-2010 (N5). Cela confirme la difficile reprise de la pluviométrie à cette station par rapport aux deux autres. Mais, la décennie 1980 (D5) par rapport à N3 (1961-1990) et N4 montre des déficits pluviométriques respectifs de 13,81% et 12,95% pour Ouahigouya, 10,56% et 5,16% à Ouagadougou, 5,29% et 7,01% à Pô. Parallèlement T a augmenté respectivement de 1,04% et 0,58% à Ouahigouya, 0,69 et 0,22% à Ouagadougou. Il en est de même pour ETP avec +0,92% et +1,19% à Ouahigouya puis +2,37% et +1,24% à Ouagadougou. Par ailleurs, en examinant la décennie 2000 (D7) par rapport à N5, le réchauffement est manifeste : +1,75%, +1,45% et +1,77% respectivement pour Ouahigouya, Ouagadougou et Pô.

Le tableau 2 révèle également la forte variation pluridécennale comme l'indiquait LOUVET (2008) et ce, au sein d'une même normale climatique.

Tableau 2 : Résultats d'analyse de comparaison simple (%) des moyennes décennales par rapport aux normales climatiques

Table 2. Results of simple comparison analysis (%) of decadal averages relative to normal weather

	OUAHIGOUYA			OUAGADOUGOU			PÔ		
	P	T	ETP	P	T	ETP	P	T	ETP
D1/N1	-3,87	1,62	nd	-4,37	0,60	nd	1,30	nd	nd
D2/N1	5,45	-0,39	nd	7,41	-0,24	nd	-1,34	nd	nd
D3/N1	-1,58	-1,23	nd	-3,04	-0,50	nd	0,18	nd	nd
D2/N2	10,98	0,36	nd	8,15	0,14	nd	5,36	nd	nd
D3/N2	3,58	-0,48	nd	-2,37	-0,12	nd	6,98	nd	nd
D4/N2	-14,55	0,11	nd	-5,78	-0,03	nd	-12,34	nd	nd
D3/N3	17,16	-0,81	1,71	7,15	-0,39	-1,13	12,83	nd	nd
D4/N3	-3,35	-0,22	-2,63	3,41	-0,30	-1,24	-7,54	nd	nd
D5/N3	-13,81	1,04	0,92	-10,56	0,69	2,37	-5,29	nd	nd
D4/N4	-2,40	-0,67	-2,38	9,64	-0,76	-2,33	-9,22	nd	nd
D5/N4	-12,95	0,58	1,19	-5,16	0,22	1,24	-7,01	nd	nd
D6/N4	15,35	0,09	1,19	-4,48	0,54	1,09	16,23	nd	nd
D5/N5	-17,77	-0,46	0,40	-0,83	-0,74	-1,31	-12,60	-0,61	3,44
D6/N5	8,96	-0,94	0,40	-0,12	-0,42	-1,46	9,25	-0,87	-1,89
D7/N5	11,01	1,75	-1,00	1,18	1,45	3,46	4,18	1,77	-0,65

D1/N1 = décennie n°1 par rapport à la normale climatique n°1

3.3. Tendances significatives de P, T et ETP

3.3.1. Zone d'influence de la station de Ouahigouya

L'application du test de MK aux moyennes annuelles de P détecte une tendance significative à la baisse d'une magnitude de -1,718 mm/an à α=0,10 (Tableau 3). À l'échelle mensuelle, seul le mois de septembre en présente à partir de α=0,05 avec une magnitude de -0,493 mm. La température annuelle présente plutôt une tendance significative à la hausse (+0,006°C/an) à α=0,05. Il en est de même pour les mois d'avril (+0,02°C) et d'août.

Les mois de mars, de mai, de septembre et d'octobre n'en présentent qu'à α=0,10. ETP ne présente aucune tendance annuelle significative aux seuils de 5 et 10%. Toutefois, janvier (-1,097 mm), février, mars, novembre et décembre présentent une tendance significative à la baisse à α=0,05. Il en est de même pour avril à α=0,10. Les mois de mai, de juin, de juillet, d'août et de septembre connaissent plutôt une tendance significative à la hausse surtout juillet (+1,224 mm). Ces tendances annuelles significatives relativisent alors ce qu'indiquent les courbes de tendance annuelle linéaires (figure 10a).

Tableau 3 : Résultats du test de tendance de Mann-Kendall : Station de Ouahigouya

Table 3. Mann-Kendall trend test results : Ouahigouya station

Échelle temporelle	Tendance			Magnitude		
	P	T	ETP	P (mm)	T (°C)	ETP (mm)
Janvier	—	—	a	—	—	-1,097
Février	—	—	a	—	—	-0,943
Mars	—	b	a	—	0,012	-0,870
Avril	—	a	b	—	0,020	-0,264
Mai	—	b	a	—	0,010	0,592
Juin	—	—	a	—	—	1,217
Juillet	—	—	a	—	—	1,224
Août	—	a	a	—	0,009	0,925
Septembre	b	b	a	-0,493	0,009	0,489
Octobre	—	b	—	—	0,008	—
Novembre	—	—	a	—	—	-0,537
Décembre	—	—	a	—	—	-0,583
Annuelle	a	a	—	-1,718	0,006	—

a = tendance significative à $\alpha = 0.05$ (5%)

b = tendance significative à $\alpha = 0.10$ (10%)

— = pas de tendance significative; pas de magnitude

3.3.2. Zone d'influence de la station de Ouagadougou

L'application du test de MK aux moyennes annuelles de P, T et ETP montre une tendance significative de chaque paramètre à α=0,05 : P indique une baisse de 3,6 mm/an, T une hausse de 0,009°C/an et ETP une hausse de 4,193 mm/an (Tableau 4). Les courbes de tendance annuelles linéaires (figure 10.b) l'illustrent également. À l'échelle mensuelle, P présente une tendance significative à la baisse en mai, juin, août (-0,933 mm) à α=0,05, et septembre à α=0,10; T présente une tendance significative à la hausse aux mois de mars, d'avril (+0,017°C), de mai, de juin, d'août et de septembre à α=0,05, puis de février et de juillet à α=0,10. Pour ETP, les mois de février (-0,459 mm), de mars et de novembre montrent des tendances significatives à la baisse à α=0,05. Janvier, mai, juin, juillet, août et septembre connaissent plutôt une tendance significative à la hausse surtout en juin (+1,508 mm).

Tableau 4 : Résultats du test de tendance de Mann-Kendall : Station de Ouagadougou

Table 4. Mann-Kendall trend test results : Ouagadougou station

Échelle temporelle	Tendance			Magnitude		
	P	T	ETP	P (mm)	T (°C)	ETP (mm)
Janvier	—	—	a	—	—	0,413
Février	—	b	a	—	0,013	-0,459
Mars	—	a	a	—	0,016	-0,369
Avril	—	a	—	—	0,017	—
Mai	a	a	a	-0,516	0,014	0,863
Juin	a	a	a	-0,672	0,014	1,508
Juillet	—	b	a	—	0,006	1,290
Août	a	a	a	-0,933	0,013	0,948
Septembre	b	a	a	-0,609	0,011	0,529
Octobre	—	—	—	—	—	—
Novembre	—	—	a	—	—	-0,200
Décembre	—	—	—	—	—	—
Annuelle	a	a	a	-3,600	0,009	4,193

a = tendance significative à α = 0.05 (5%)

b = tendance significative à α = 0.10 (10%)

— = pas de tendance significative; pas de magnitude

3.3.3. Zone d'influence de la station de Pô

L'application du test de MK révèle qu'il n'y a pas de tendance annuelle significative à 5% et 10% pour P (Tableau 5) au contraire de ce que l'on observe sur la figure 10c. Seuls les mois de juillet et de septembre présentent une tendance significative de P à α=0,10 respectivement à la hausse (+0,627 mm) et à la baisse (-0,789 mm). Mais, la température annuelle indique une tendance significative à la hausse (+0,04°C/an) à α=0,05.

Juillet, août, septembre, octobre et décembre (+0,083°C) en présentent aussi à α=0,05. Juin et novembre connaissent également une tendance significative à la hausse de T à α=0,10. ETP indique une tendance annuelle significative à la baisse (-4,642 mm/an) de même que les mois de décembre et de janvier (-0,625 mm) à α=0,05 puis, d'avril, de juin et de juillet à α=0,10.

Tableau 5 : Résultats du test de tendance de Mann-Kendall : Station de Pô

Table 5. Mann-Kendall trend test results : Pô station

Échelle temporelle	Tendance			Magnitude		
	P	T	ETP	P (mm)	T (°C)	ETP (mm)
Janvier	—	—	a	—	—	-0,625
Février	—	—	—	—	—	—
Mars	—	—	—	—	—	—
Avril	—	—	b	—	—	-0,382
Mai	—	—	—	—	—	—
Juin	—	b	b	—	0,029	-0,510
Juillet	b	a	b	0,627	0,047	-0,241
Août	—	a	—	—	0,033	—
Septembre	b	a	—	-0,789	0,053	—
Octobre	—	a	—	—	0,050	—
Novembre	—	b	—	—	0,038	—
Décembre	—	a	a	—	0,083	-0,600
Annuelle	—	a	a	—	0,040	-4,642

a = tendance significative à α = 0.05 (5%)

b = tendance significative à α = 0.10 (10%)

— = pas de tendance significative; pas de magnitude

3.3.4. Synthèse

L'application du test de MK indique d'une part avec des disparités d'une station à l'autre que les mois chauds (mars, avril, mai et octobre) se réchauffent de plus en plus de même que les mois habituellement frais (juin, juillet, août et septembre) et froids (décembre et février). Les simulations sur T à l'échelle du Burkina Faso indiquaient en effet que décembre, janvier, août et septembre deviendront plus chauds tandis que novembre et mars connaîtront de faibles augmentations de la chaleur par rapport à la moyenne de 1961-1990 (MECV, 2007). Les projections de hausse de la température moyenne annuelle de 0,8°C et 1,7°C respectivement pour 2025 et 2050 s'alignent également avec les tendances annuelles significatives à la hausse détectées aux trois stations synoptiques.

D'autre part, les mois pluvieux (mai, juin, juillet, août, septembre) connaissent à l'exception de juillet, une baisse de leur hauteur d'eau surtout dans la zone d'influence de Ouagadougou, or les activités agricoles en dépendent. Les simulations faites sur P pour le Burkina Faso révèlent effectivement que juillet, août et septembre auront par rapport à la moyenne de 1961-1990, des diminutions de 20-30% de leur pluviométrie tandis que celle de novembre connaitra une hausse de 60-80%. La pluviométrie annuelle connaîtra aussi des baisses de 3,4% et 7,3% respectivement en 2025 et 2050 et les tendances annuelles significatives à la baisse décelées aux stations de Ouahigouya et Ouagadougou le soutiennent.

En outre, ETP a montré une tendance significative à la hausse pour mai, juin, juillet, août et septembre à Ouahigouya et Ouagadougou tandis qu'on note globalement une tendance à la baisse en janvier, février, mars, avril, novembre et décembre.

Ainsi, ETP augmente et P diminue durant les mois pluvieux, d'où des changements probables par rapport au comportement mensuel de ETP sur la figure 2 et des risques d'aridification si cette tendance persiste (CHAOUCHE et *al.,* 2010; PERRIER et TUZET, 2005), car ETP affecte la disponibilité en eau en AOS en raison des forts taux d'évaporations.

Par ailleurs, en comparant les pentes (p) des courbes de tendances linéaires (figure 10) aux magnitudes (m) des tendances significatives (tableaux 3, 4 et 5), on remarque d'une part une concordance entre elles dans la tendance avec tout de même des écarts comme c'est le cas pour T aux stations de Ouahigouya (p = 0,025 et m = 0,006), de Ouagadougou (p = 0,022 et m = 0,009) et de Pô (p = 0,050 et m = 0,040), pour P à la station de Ouagadougou (p = -3,949 et m = -3,600) et pour ETP aux stations de Ouagadougou (p = 3,774 et m = 4,193) et de Pô (p = -3,865 et m = -4,642). D'autre part, on note des discordances comme c'est le cas à la station de Ouahigouya où la courbe de tendance (figure 10a) montre une hausse pour P (p = 0,618) alors que le test de MK détecte une tendance à la baisse (m = -1,718), et une absence de tendance pour ETP alors que la courbe affiche une tendance à la baisse (p = -0,063). Il en est de même à la station de Pô où le test de MK ne détecte aucune tendance alors que p = 6,147 (figure 10c).

3.4. Causes probables de la variabilité climatique

La VC en AOS se manifeste essentiellement par la forte variabilité saisonnière, interannuelle et multidécennale de la pluviométrie. Plusieurs études ont essayé d'expliquer les causes probables des déficits pluviométriques enregistrés depuis l'avènement des sécheresses de 1972-1973 et 1983-1984.

Ils seraient imputables directement aux changements de température à la surface des océans et au phénomène El-Niño-Oscillation Australe (ENSO), puis indirectement aux boucles de rétroactions entre les états de surface terrestre et la dynamique atmosphérique. En effet, le régime pluviométrique de l'AOS est relié à la migration méridionale de la zone de convergence intertropicale au sein de laquelle se forme la mousson ouest-africaine dont l'activité et l'intensité conditionne les précipitations en AOS (LEBEL et VISCHEL, 2005). Une perturbation de cette mousson a donc des conséquences directes sur la pluviométrie. Ainsi, les variations de la température à la surface des océans Atlantique et Indien l'affecteraient et seraient à l'origine de la variabilité inter-décennale de la pluviométrie (CEDEAO-OCDE/CSAO, 2008; DORE, 2005; GUILLAUMIE et al., 2005; LEBEL et ALI, 2009; LOUVET, 2008; NICHOLSON, 2000).

En effet, il y aurait une corrélation entre le régime des précipitations continentales des années 1950 (humides) et 1980 (sèches) avec respectivement les refroidissements et réchauffements anormaux de la température à la surface des océans Atlantique et Indien aux mêmes époques. De plus, la tendance au réchauffement se serait produite dès les années 1960, période à laquelle les précipitations auraient commencé à décliner sur une grande partie de l'Afrique sahélienne face à la réponse de la mousson au forçage océanique. C'est dans ce contexte que le phénomène El Niño, en causant des anomalies de température à la surface de l'océan Pacifique a entraîné un réchauffement anormal des eaux dans l'Atlantique sud et un rafraîchissement concomitant de l'Atlantique nord autour de l'Afrique, favorisant la naissance de larges phénomènes convectifs au-dessus des océans et affaiblissant la mousson dans les années 1970; d'où les précipitations anormalement faibles observées.

Par ailleurs, des boucles de rétroactions climatiques régionales entre les interfaces continentale et atmosphérique seraient à l'origine des anomalies pluviométriques et de la VC. En effet, les changements dans l'humidité du sol, la couverture végétale et l'albédo peuvent à leur tour modifier l'état de l'atmosphère de sorte à renforcer les tendances des anomalies au niveau des précipitations. D'où la persistance des sécheresses depuis 1970 (BOULAIN et *al.,* 2009; GUILLAUMIE et *al.*, 2005; HULME, 2001; LEBEL et *al.*, 2009; LOUVET, 2008; NICHOLSON, 2000; SIVAKUMAR, 2007), car la mousson ouest-africaine est sensible aux modifications des états de surface continentale et que l'AOS serait une région particulièrement propice à l'expression du couplage sol-atmosphère.

4. CONCLUSION

La variabilité climatique est une réalité dans les pays sahéliens de l'Afrique Occidentale et elle a un grand impact sur les ressources en eau, d'où les enjeux pour tous les secteurs d'activité qui en dépendent. L'analyse de données climatiques des stations synoptiques de Ouahigouya, de Ouagadougou et de Pô dans le bassin hydrographique du fleuve Nakanbé à l'aide de calculs et test statistiques a mis en évidence cette variabilité aux échelles mensuelle, annuelle et décennale pour la pluviométrie, la température et l'évapotranspiration potentielle.

Au vue de ces résultats et de l'importance des ressources en eau, la gestion intégrée des ressources en eau, les pratiques endogènes de conservations des eaux et des sols, les reboisements, l'adoption de semences adaptées au stress hydrique, la promotion de projets de développement propre et l'avancée des recherches pour l'amélioration de la prévision saisonnière et la compréhension de la mousson ouest-africaine seront stratégiques pour atténuer la vulnérabilité des populations burkinabé à majorité rurale.

5. REMERCIEMENTS

Nos remerciements:

- Au projet "Gestion de la Conservation des Écosystèmes Basée sur les Communautés au Burkina Faso" de l'Agence Canadienne de Développement International;
- Au Programme Maîtrise en Étude de l'Environnement de l'Université de Moncton;
- Au Centre d'Études pour la Promotion, l'Aménagement et la Protection de l'Environnement de l'Université de Ouagadougou, à la Direction Générale des Ressources en eau et à la Direction de la Météorologie au Burkina Faso.

CHAPITRE 4 : RÉSULTATS ET DISCUSSION DES ASPECTS QUALITATIFS

Dans ce chapitre, il est question de présenter les résultats obtenus à partir des entretiens effectués sur le terrain auprès des acteurs locaux du village de Bagré situé en aval du bassin hydrographique du Nakanbé. En effet, de plus en plus de chercheurs adoptent cette démarche multidisciplinaire et plus encore sur des thématiques qui concernent aussi directement les populations comme c'est le cas des changements climatiques. C'est dans ce contexte que BYG et SALICK (2009), GRAY et MORANT (2003), NIELSEN et REENBERG (2010a) puis TEKA et VOGT (2010) ont montré cette possibilité d'une contribution qualitative crédible dans l'étude de la problématique des CC à travers le recueil et l'analyse des témoignages et des perceptions que se font les populations locales sur des phénomènes donnés. Avec SAVOIE-ZJAC (2009), GEOFFRION (2009) et BEAUD (2009), cette contribution qualitative a pu alors être prise en compte dans le cadre de cette recherche grâce aux entrevues semi-dirigées individuelles et groupées (focus group) qui ont permis la co-construction à travers une technique d'échantillonnage fructueuse (boule de neige). Cette partie de la thèse qui vient à la suite des résultats statistiques obtenus, donnent ainsi une autre vision quoique subjective de la problématique de la variabilité climatique dans le cas du bassin hydrographique du Nakanbé.

En effet, le Burkina Faso, pays pauvre en voie de développement, a une population de plus de 80% rurale. Pour ce faire, son économie est dominée par les activités agro-sylvo-pastorales toutes connectées à la disponibilité de la ressource en eau. Les acteurs de ce secteur primaire sont donc les premiers concernés par les effets d'une quelconque VC.

D'où le recueil des perceptions que se font des populations locales de l'aval du bassin du Nakanbé d'une part sur l'évolution de la pluviosité, des périodes et sensations de chaleur et de froid, de la puissance des vents, puis sur celle des saisons et de l'état de l'environnement. D'autre part, ces perceptions ont porté sur d'éventuels effets consécutifs et/ou parallèles aux changements dans le climat et l'environnement observés.

Tout d'abord, il faut préciser que ces perceptions recueillies auprès des agriculteurs, des maraîchers, des éleveurs, des pêcheurs, des femmes, des agents technique de l'agriculture, de l'élevage, de la maîtrise de l'ouvrage de Bagré et de la société nationale d'électricité du Burkina ainsi qu'auprès du Maire et du responsable de la CVGT ne s'étendent pas sur une grande échelle temporelle. En effet, beaucoup d'entre elles découlent des changements récents observés mais aussi et surtout des impacts sociaux, matériels et financiers subis face à des évènements extrêmes. Ainsi, des facteurs autres que les conditions climatiques vécues affectent les perceptions recueillies. Tout de même, des acteurs locaux de Bagré ont partagé à travers des entretiens semi-dirigés individuels et groupé (focus group) leur compréhension et perception des changements vécus et récemment observés dans le climat et l'environnement ainsi que les incidences sur leurs ressources naturelles et activités socio-économiques. De prime à bord, tous les interviewés soulignent que le climat a changé quand ils comparent ses caractéristiques d'aujourd'hui à celles d'un passé récent à lointain. Les constats dans l'évolution du climat ont été de plusieurs ordres.

1. PERCEPTIONS SUR LES CHANGEMENTS DANS LE CLIMAT LOCAL

Tous les acteurs interviewés perçoivent une baisse de la pluviométrie à travers des indices locaux qu'ils ont vu évoluer. Les constats dont on nous a fait part sont :

- l'installation tardive et l'arrêt précoce de la saison des pluies avec pour conséquence un décalage de la saison des pluies de un mois plus tard par rapport à la période jusqu'alors habituelle (juillet au lieu de juin). Les interviewés insistent même sur un raccourcissement de leur saison des pluies car selon eux leur localité qui appartient à la zone d'influence de la station de Pô avait une saison pluvieuse qui s'étalait sur sept mois, mais elle serait de nos jours concentrée sur trois mois. Les agriculteurs ont en particulier précisé qu'à leur enfance (40 ans passés), la saison commençait à s'installer vers la fin avril alors qu'au moment où se faisait l'entrevue (mi-juillet 2009) ils attendaient encore les pluies pour semer et s'inquiétaient que la plupart des cultures avait des cycles végétatifs longs;

- la mauvaise répartition des pluies avec comme conséquence l'augmentation des poches de sécheresse, la baisse des rendements et la perte de récoltes. Les interviewés font même référence à la notion de VC quand ils avancent que la pluviosité est moins prévisible comparée à 40 ans passés avec des exemples à l'appui : il y a de plus en plus de faux départs de la saison pluvieuse; il y a maintenant beaucoup d'épisodes fortement pluvieux dont ils disent qu'il y a très longtemps que ce n'était plus courant; leurs indices d'appréciation anticipée des saisons ne sont plus fiables car leurs prévisions ne concordent plus avec ce qui se passent réellement.

En effet, ils observaient jadis les arbres car si beaucoup d'arbres fleurissaient et/ou donnaient des fruits aussi bien en bas qu'en haut de l'arbre, cela signifiait que la saison serait bonne. Mais si la saison pluvieuse n'allait pas être bonne, la production fruitière se limitait en bas du fait qu'il n'y avait pas suffisamment d'humidité. Un autre exemple concerne l'observation du lieu de ponte des pintades sauvages car lorsque celles-ci vont pondre dans les hautes terres et non dans les bas-fonds, cela est synonyme d'une bonne saison pluvieuse qui s'annonce. Toutefois de nos jours, ces indices sont difficilement observables du fait de la dégradation et de la perte de la biodiversité mais aussi et surtout en raison du caractère changeant et instable même du climat actuel;

- la perturbation de leur calendrier agricole avec comme conséquence des faibles taux de semis en raison du pourrissement et de l'assèchement des graines estimés entre 15 et 20% par rapport à l'an dernier. En effet, les agriculteurs de la localité de Bagré soulignent que le calendrier agricole local allait de mai à octobre mais que depuis quelques années, jusqu'en juillet ils attendent l'installation de la saison pluvieuse (comme nous avons pu l'observer en 2009 lors des sorties de terrain). La plupart d'entre eux mentionne même la perte continue de semis d'arachides depuis la campagne agricole de 2006;

- la perturbation des habitudes de pâturage du bétail par manque d'eau;

- le déficit de remplissage des plans d'eau mais aussi de plus en plus de leur assèchement beaucoup plus précoce. À ce propos, l'agent de la SONABEL de cette localité a fait référence au déficit de remplissage de la retenue d'eau de Bagré depuis 2006 étant donné qu'habituellement à cette période de l'année (mi-juillet) le barrage est presque rempli, ce qui n'était pas le cas lors notre visite (juillet 2009);

- les faibles débits au niveau des puits et des forages en raison de la nature cristalline des formations rocheuses, de la diminution des pluies et de la faible capacité de rétention en eau des sols;

- l'éloignement de la nappe phréatique car surtout selon les femmes qui s'occupe de l'approvisionnement en eau potable pour leurs familles, il faut pomper longtemps les matins avant que l'eau ne remonte et plus encore en saison sèche particulièrement durant les mois de mars et avril où il fait très chaud (15 minutes environ). En plus, il est ressorti des entretiens qu'avant on pouvait creuser manuellement des puits et avoir de l'eau dès les premiers trois mètres, mais maintenant il faut des forages et surtout forer à des profondeurs plus considérables.

Ces perceptions d'une baisse de la pluviométrie à travers différents indices ne divergent pas avec la tendance annuelle significative à la baisse décelée globalement au niveau des zones d'influence des stations de Ouahigouya, Ouagadougou et Pô par le test de MK. En effet, les résultats d'analyses de comparaison simple et d'application du test de MK ont révélé cette tendance globale à la baisse de la pluviométrie aux échelles décennale, annuelle et mensuelle (particulièrement les mois de juillet, août et septembre qui sont les plus critiques dans le maintien d'une saison pluvieuse régulière et stable).

Concernant la température, les interviewés perçoivent les changements dans l'évolution de la température ressentie à travers la variation constatée de la durée et de la force du froid, l'augmentation de la chaleur et du nombre des mois chauds puis de la puissance des vents. En effet, il est ressorti dans la plupart des entrevues que la température en période de froid comme de chaleur a augmenté dans les récentes années et que les vents sont devenus violents.

Cette perception généralisée du réchauffement converge également avec les tendances scientifiques simulées par les modèles globaux mais aussi les résultats des traitements statistiques obtenus pour la présente étude aux mêmes échelles. D'ailleurs, la perception d'un réchauffement des mois habituellement froids est soutenue par les résultats du test de MK sur les mois de décembre et de février ainsi que les simulations faites à l'échelle du Burkina Faso (MECV, 2007) et qui indiquent que les mois d'août, de septembre, de décembre et de janvier deviendront plus chauds.

Ainsi, le constat des populations locales tout comme l'analyse statistique des données climatiques indique une nette augmentation des températures et une baisse de la pluviométrie. L'écart réside surtout au niveau de l'explication de ces changements car au niveau local, les anciens nous ont parlé de la négligence dans les responsabilités traditionnelles dont celles relatives aux sacrifices de demande de pluies puis, des "mauvais comportements des Hommes" notamment avec le développement du libertinage sexuel surtout et de l'individualisme, toutes choses par ailleurs qui conduisent à des malédictions par les dieux protecteurs d'après eux. En effet, GRAY et MORANT (2003) soulignent qu'il y a des différences entre d'une part les perceptions locales et les investigations scientifiques et d'autre part dans l'évaluation des changements. Mais ils insistent que c'est à la recherche d'œuvrer à réduire cette disparité due simplement à des confusions ou à la non-prise en compte de certains facteurs. Ainsi, de nombreuses recherches scientifiques ont cherché à donner une explication à ces changements dans le climat au niveau de l'AOS principalement en ce qui concerne la pluviométrie.

En effet, les perturbations des régimes pluviométriques sahéliens seraient directement imputables aux changements de température à la surface des océans et au phénomène El-Niño-Oscillation Australe (ENSO), car le régime pluviométrique de l'AOS est relié à la migration méridionale de la zone de convergence intertropicale au sein de laquelle se forme la mousson ouest-africaine dont l'intensité conditionne les précipitations reçues dans cette partie de l'Afrique. Or, les circulations de mousson sont une réponse dynamique de l'atmosphère aux différences de températures et d'énergie statique humide liée au balancement de la position zénithale du soleil entre les deux tropiques au cours de l'année, ainsi qu'aux propriétés thermiques différentes des océans et des continents (LEBEL et VISCHEL, 2005). Ainsi, une perturbation de l'activité de la mousson a des conséquences directes sur la quantité de pluies qui y tombent, d'où la vulnérabilité des régimes pluviométriques tropicaux secs au réchauffement et à la VC. C'est ainsi qu'en ce qui concerne les déficits pluviométriques des années 1970 et 1980 en AOS, NICHOLSON (2000) explique que la variation de la température à la surface des océans serait responsable de la variabilité inter-décennale, car il y aurait un contraste net entre la baisse anormale de la température à la surface des océans Atlantique et Indien durant la décennie humide 1950 et sa hausse anormale durant la décennie sèche 1980, avec les régimes pluviométriques en AOS aux mêmes époques. De plus, la tendance au réchauffement se serait produite vers la fin des années 1960 lorsque la pluie a commencé à décliner sur une grande partie de l'Afrique. En outre, NICHOLSON (2000) met en cause le phénomène El Niño qui aurait une influence sur la circulation atmosphérique globale et sur la température à la surface des océans à l'échelle mondiale et qui serait très manifeste au niveau des facteurs de variabilité interannuelle observée en AOS.

D'ailleurs, CEDEAO-CSAO/OCDE (2008) indique que les changements de températures de la surface des eaux du nord et du sud de l'océan Atlantique et de l'océan Indien en corrélation avec les anomalies de température provoquées à la surface de l'océan Pacifique par le phénomène d'El Niño, sont des moteurs importants de l'activité de la mousson ouest-africaine pourvoyeuse de pluies en AOS. LOUVET (2008) et LEBEL et ALI (2009) soulignent également que la sécheresse persistante en AOS depuis 1970 a été en partie expliquée à la fois par la tendance lente et générale à la hausse des températures à la surface des océans à l'échelle mondiale et par la relative tendance à la baisse de la température de l'Atlantique Nord. En outre, ils spécifient qu'aux échelles interannuelle et décennale, la VC en AOS a été surtout rattachée au phénomène El Niño et aux anomalies des températures de surface dans le Golfe de Guinée.

En effet, le réchauffement des températures de surface de la mer dans la zone Est du Pacifique lors d'un évènement El Niño serait à l'origine d'un affaiblissement de la convection sur l'ensemble de AOS, car les dynamiques océaniques et atmosphériques pendant El Niño tendent à réchauffer le bassin Atlantique tropical, ce qui entraîne une réduction du gradient thermique terre-mer sur le fuseau ouest-africain et l'Atlantique équatorial Est. Il en résulte alors un flux de mousson moins fort et des précipitations anormalement faibles sur le Sahel. D'ailleurs, DORE (2005) stipulait d'une part que l'augmentation des températures des surfaces continentale et océanique mène à des changements au niveau de la pluviométrie et de l'humidité de l'air à cause des changements dans la circulation atmosphérique et l'accélération du cycle hydrologique.

D'autre part, le phénomène El Niño-Oscillation Australe (ENSO) semble également influencer les variations annuelles et réduire la pluviométrie en AOS selon lui. Enfin pour GUILLAUMIE et *al.* (2005), les précipitations en AOS sont très largement influencées par la réponse de la mousson au forçage océanique. C'est dans ce contexte qu'ils attribuent la sécheresse des années 1970 à un réchauffement anormal des eaux dans l'Atlantique Sud et un rafraîchissement concomitant de l'Atlantique Nord autour de l'Afrique qui, en favorisant la naissance de larges phénomènes convectifs au-dessus des océans a affaibli la mousson.

2. PERCEPTIONS SUR LES CHANGEMENTS ENVIRONNEMENTAUX

Les interviewés ont souligné la forte dégradation du couvert végétal en aval du bassin du Nakanbé avec l'avènement de l'aménagement des périmètres rizicoles. Cette dégradation a selon eux une importante part de responsabilité dans la violence des vents, la baisse de la pluviométrie et l'augmentation de la chaleur. Les éleveurs installés dans la zone depuis plus de 40 ans insistent même sur l'avènement d'un déboisement à perte de vue avec des conséquences sur la pratique de la chasse, la localité ayant été jadis giboyeuse. Cette mise en corrélation n'est effectivement pas anodine aux chercheurs scientifiques car ceux-ci ont développé des hypothèses de corrélation entre les changements dans les états de surface et les anomalies pluviométriques en AOS. C'est ainsi que pour NICHOLSON (2000), les mécanismes qui régissent la pluviométrie en AOS sont fortement influencés par les boucles de rétroactions entre la surface continentale et l'atmosphère. Son hypothèse est que les changements principalement dans l'humidité du sol, la couverture végétale et l'albédo peuvent à leur tour modifier l'état de l'atmosphère de sorte à renforcer les tendances des anomalies au niveau des précipitations.

En effet, ce mécanisme de boucle de rétroaction climatique favoriserait la variabilité des précipitations et est perçu comme la cause la plus probable de la persistance de la variabilité des précipitations en AOS. HULME (2001), abonde dans le même sens en indiquant que la sécheresse des années 1970, consécutive aux déficits pluviométriques, aurait été renforcée par les changements dans l'occupation du sol et serait la manifestation de la variabilité multi-décennale de la pluviométrie sous l'effet des actions conjuguées de la dégradation du couvert du sol et du réchauffement climatique global. GUILLAUMIE et *al.* (2005) avancent également que le climat sahélien reste très influencé par la dynamique de l'occupation du sol qui aurait une rétroaction positive sur les conditions atmosphériques. L'AOS serait selon eux une région particulièrement propice à l'expression du couplage sol-atmosphère. SIVAKUMAR (2007) développe davantage les mêmes hypothèses avec la désertification. En effet, selon lui, la désertification a un impact sur le climat à travers les changements dans le couvert végétal et l'utilisation du sol. Son hypothèse est que la surface de la terre est une partie importante du système climatique. Pour ce faire, des changements dans le bilan énergétique peuvent être induits par les changements dans la couverture végétale et l'utilisation des terres, ce qui affecteraient profondément le climat terrestre. Par exemple, la dégradation du couvert végétal par l'extension des activités agricoles et pastorales des hommes peut être un facteur catalyseur de l'augmentation de la surface de l'albédo, laquelle contribuerait à la persistance des sécheresses. En effet, l'augmentation de l'albédo en association avec la réduction du couvert végétal conduirait à une accentuation du refroidissement radiatif qui à son tour entraînerait une réduction de la pluviométrie.

LOUVET (2008), BOULAIN et *al,* (2009) puis LEBEL et *al.* (2009) soulignent ainsi la sensibilité de la mousson ouest-africaine aux modifications des états de surface continentale et le rôle majeur de la dégradation dans l'occupation du sol sur la baisse de la pluviométrie.

Par ailleurs, les interviewés ont également mis en avant la responsabilité de la forte pression démographique que connait leur bassin sur la dégradation des ressources naturelles en raison de l'importance des périmètres irrigués qui y sont aménagés. Ils parlent ainsi de paysages anthropisés sans végétation naturelle notable et une forte compétition pour la ressource en eau. D'après MAHRH (2004), en 30 ans il y a eu une réduction de $^1/_3$ de la capacité de rétention en eau du sol dans le bassin versant du Nakanbé parallèlement à une dégradation du couvert végétal, une augmentation des zones cultivées et des zones dénudées. Face à cette problématique liée au peuplement, LE BLANC et PEREZ (2008) donnent spécifiquement une analyse de l'effet de la croissance démographique dans le développement et l'extension des zones de tension liées au stress hydrique. En effet, en 2000 la population de l'Afrique Subsaharienne était de l'ordre de 650 millions. En 2050, les projections eu égard au fort taux de croissance démographique dans le continent indique qu'elle atteindra 1,6 milliards. Les calculs effectués par les auteurs de cette étude sur la base de la carte pluviométrique de la FAO et la grille de projection de la population mondiale de l'an 2000 des Nations Unies révèlent qu'au Burkina Faso, c'est la partie nord du pays et surtout le bassin du Nakanbé qui illustrent les zones de tensions liées au stress hydrique. 30% du territoire burkinabé en était affecté en 2000 et 51% de sa population devait y faire face.

En 2050, selon des projections climatiques et démographiques, les foyers s'y étendront et toucheront particulièrement le bassin hydrographique de la rivière Nakanbé surtout dans un contexte de croissance démographique comme l'illustre la figure 11 ci-dessous.

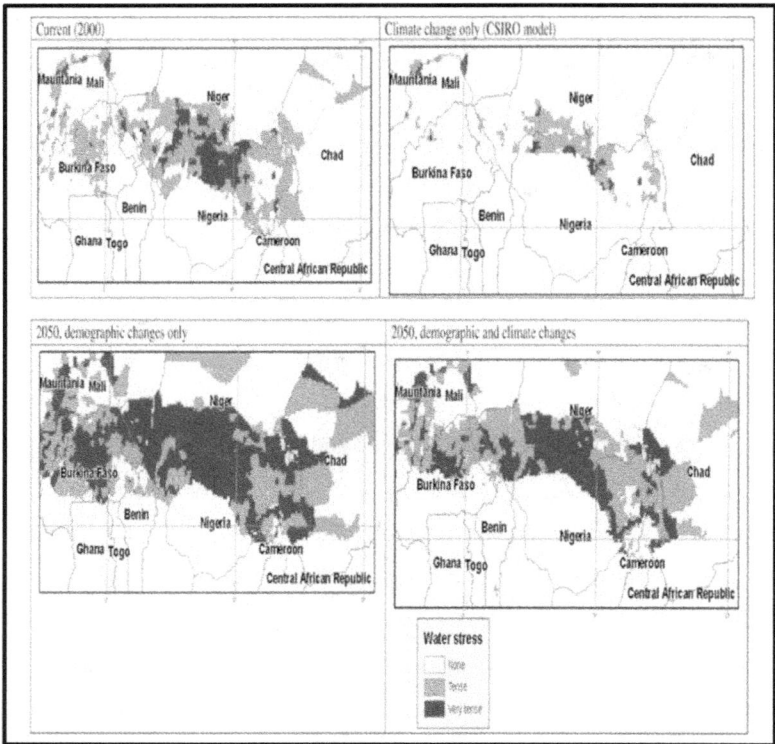

Figure 11: Foyers de tension liés au stress hydrique en Afrique Occidentale Sahélienne

Source : Tiré de LE BLANC D. et R. PEREZ (2008)

3. AUTRES PERCEPTIONS

Des facteurs autres que les conditions climatiques réelles vécues ont affecté les perceptions des acteurs locaux interviewés. En effet, la localité de Bagré abrite une portion du 2ème plus grand barrage du Burkina Faso (barrage de Bagré). Les activités hydro-agricoles y sont très développées et influencent la perception de la disponibilité de l'eau par les acteurs.

Ainsi, l'appréciation de la pluviosité et de la disponibilité de l'eau restait tout de même influencée par la présence de ce plan d'eau car les acteurs des catégories de l'agriculture irriguée et du maraîchage par exemple ne semblaient pas être soucieux des changements dans la pluviosité quand ils disaient être plus ou moins à l'abri des soucis relatifs au manque d'eau.

Toutefois, les agriculteurs (agriculture pluviale et irriguée, maraîchage), les éleveurs, les maraîchers, les pêcheurs et les femmes font référence à la notion du microclimat généré par ce barrage. En effet, ils pensent que cette importante retenue d'eau artificielle atténue d'une part le ressentiment des déficits pluviométriques, la forte chaleur ressentie à certains endroits dans le pays et la poussière soulevée par les vents violents. D'autre part, elle apporterait selon eux davantage de pluies en raison de la disponibilité d'eau pour l'évaporation pourvoyeuse de pluie en retour. Cependant, MAHE et *al.*, 2005 voit dans le volume d'eau stockée au niveau du "Lac Bagré" une perte en raison des forts taux d'évaporation. De plus, selon ces auteurs, depuis 1960 le régime hydrologique de la rivière Nakanbé a été affecté par la construction de nombreux barrages qui a causé des changements dans son régime pluviométrique en raison de l'utilisation extensive des terres. Par ailleurs, l'irrigation très développée dans le bassin du Nakanbé avec les périmètres rizicoles et le maraichage serait de loin l'activité humaine qui augmente le plus l'évaporation tout en diminuant les débits.

Toutefois, le stockage des eaux demeure indispensable pour régulariser l'approvisionnement en eau en AOS en situation de variabilité temporelle de la disponibilité hydrique d'après AFOUDA et *al.* (2004), CEDEAO-CSAO/OCDE (2006) et JULIEN (2006). D'ailleurs, l'État burkinabé à la suite des sécheresses des années 1970 et 1980 s'est investi dans la mobilisation et la valorisation agricoles des eaux pluviales par la construction de barrages, d'où le "printemps des barrages" (YANOGO, 2006).

Face à tous ces changements, les acteurs de Bagré se disent affectés dans la conduite de leurs activités socio-économiques. En effet, les anomalies dans la pluviométrie perturbent le calendrier agricole et donc les activités des acteurs de ce secteur. Ces derniers font face à des pertes de semis agricoles, à de faibles rendements agricoles avec toutes les conséquences consécutives sur les revenus monétaires et l'autosuffisance alimentaire.

Également, les pêcheurs trouvent que leurs prises sont affectées négativement à cause d'une part de l'augmentation de la chaleur et de la puissance des vents qui fragilise leurs moyens, techniques et produits de pêche, et d'autre part du fait de l'ensablement de la rivière Nakanbé et du déficit de remplissage du plan d'eau de Bagré depuis quelques années.

Les femmes elles, craignent avec le temps le renforcement des difficultés dans l'approvisionnement en eau potable face à la baisse constatée de la pluviométrie, aux fortes chaleurs, au nombre réduits de forages et à la pression démographique manifeste dans la localité.

Les éleveurs expriment les mêmes inquiétudes pour l'abreuvement de leurs bétails mais aussi pour leurs pâturages face à l'extension continues des espaces agricoles au détriment des zones de pâtures.

En somme, de grands risques de conflits liés à l'usage de l'eau dans la localité sont à craindre car déjà des acteurs se plaignent du gaspillage et de la pollution de l'eau dans les périmètres irrigués en s'accusant les uns les autres.

Toutefois, les acteurs locaux restent confiants grâce à l'existence de solutions d'atténuation de leur vulnérabilité et d'adaptation aux changements en cours. En effet, ils comptent beaucoup sur la nouvelle politique de la GIRE avec laquelle la plupart d'entre eux sont sollicités dans la gestion des CLE. Ils disent également s'investir dans les campagnes de reboisements et d'entretiens des ligneux, dans l'adoption des techniques de conservation des eaux et du sol (usages des bandes enherbées, des cordons de sable, de la fumure organique, de l'agroforesterie) puis se montrent ouverts aux perspectives de recherche pour le développement de semences adaptées au stress hydrique. D'ores et déjà à l'échelle locale, il y a des activités courantes de reboisement et de sensibilisation dans l'usage de biopesticides et d'engrais organiques, dans la pratique d'un élevage semi-intensif à intensif, de la rotation et de l'association des cultures, tout ceci dans le but de restaurer la valeur agronomique des sols, de récupérer les terres dégradées, d'améliorer la capacité de rétention en eau des sols et d'atténuer l'érosion des sols.

4. RECOMMANDATIONS

4.1. La GIRE, une réponse d'adaptation à la variabilité climatique

L'importance de la problématique de la disponibilité de l'eau au Burkina Faso est manifeste et plus encore dans ce contexte de VC régionale et de CC globaux. En effet, la bonne répartition en quantité dans le temps et dans l'espace de la pluviométrie est indispensable eu égard à l'importance de ce paramètre climatique dans la conduite des activités socio-économiques au Burkina Faso et plus encore dans le bassin du Nakanbé. La nouvelle politique de gestion intégrée des ressources en eau dont le plan d'action national (PAGIRE) a été adopté en 2003 par le Burkina Faso, pourrait représenter une stratégie d'adaptation efficace aux effets de la VC sur les ressources en eau.

Pour ce faire, il est impératif d'incorporer d'ores et déjà la question de la VC régionale et des CC globaux dans l'évaluation de la disponibilité en eau future. Par exemple, le calcul des débits, l'estimation du niveau des nappes pour les années à venir, pourrait se fonder sur différents scénarii économiques, climatiques et démographiques. Ces résultats d'évaluation pourront ainsi servir à la planification d'une gestion durable et intégrée des ressources en eau qui permettent de faire face à des situations critiques de stress hydriques futurs. Par ailleurs, l'importance d'une telle démarche intégrée réside comme on a pu le constater dans le fait que de nombreuses boucles de rétroactions et interactions s'observent entre les écosystèmes agricoles et le climat. En effet, de nombreux forçages climatiques découleraient de la dégradation dans la gestion des terres et de l'eau. Fort heureusement, le Burkina Faso consacre désormais la GIRE comme la voie de résolution des questions liées à l'eau et le PAGIRE l'opportunité pour lui d'élaborer et de promouvoir une stratégie d'adaptation aux effets des CC (MAHRH, 2006, 2009).

L'avantage dans cette perspective est que le principe d'application de la GIRE est l'intégration de toutes les catégories d'acteurs depuis la plus petite échelle. Les acteurs de Bagré interviewés voient ainsi en la GIRE notamment le PAGIRE, une solution durable dans un contexte de résolution des changements observés dans le climat et l'environnement. En effet, la VC et la construction de barrages en vue de répondre aux besoins d'une consommation en eau croissante de la population et aux multiples projets d'irrigation et d'hydro-électricité constituent autant de facteurs de désaccords au niveau régional en matière de gestion des ressources en eau. La GIRE est ainsi une solution de coopération entre des acteurs du bassin versant du Nakanbé, des autres bassins versants nationaux et des acteurs de pays partageant les mêmes ressources. Elle est donc nécessaire dans l'élaboration de projet à envergure régionale.

4.2. Variabilité climatique et agriculture

Le réchauffement climatique est une réalité et la mousson ouest-africaine pourvoyeuse de pluies pour les pays d'Afrique Occidentale en est affectée. Leurs régimes pluviométriques sont alors vulnérables dans ce contexte de VC et de CC.

En effet, selon le GIEC (2007), il est très probable que sous l'effet d'une augmentation de la température, de déficits ou d'excès de pluies, les rendements des cultures céréalières connaissent une tendance à la baisse en raison du stress thermique. C'est dans ce contexte qu'il est prévu que le rendement moyen des cultures de mil et de sorgho, base de l'alimentation des populations sahéliennes diminue de 15 et 25% au Burkina Faso d'ici à 2080. C'est pourquoi, parmi les propositions du GIEC (2007) sur les mesures d'adaptation il y a entre autres :

- l'extension de la collecte des eaux de pluie et l'amélioration de leurs techniques de stockage et de conservation. Au niveau du Burkina Faso, la GIRE en est le cadre d'action politique et de gestion transfrontalières des ressources partagées;
- la modification des dates de plantation et des variétés cultivées puis une meilleure gestion des terres. La politique de la Réforme Agraire et Foncière du Burkina Faso s'inscrit d'ailleurs dans cette perspective. Les chercheurs agronomes recommandent dans ce contexte la modification des dates de semis et donc un réaménagement des calendriers agricoles, la recherche d'autres variétés agricoles (choix de variétés à cycle court et résistantes à la sécheresse), une meilleure gestion des terres contre l'érosion et une meilleure conservation des eaux et des sols pour favoriser la fixation du carbone dans les sols.
- Les prévisions actuelles des pluies saisonnières de juillet à septembre issues des résultats de modèles dérivant de la Prévision Saisonnière en Afrique de l'Ouest (PRESAO) permettent de simuler la situation d'une campagne agricole à l'échelle de l'AOS. Il serait alors bénéfique de les vulgariser et les améliorer en vue de mieux maîtriser les périodes futures de sécheresse et la forte VC surtout ses effets sur la pluviométrie.

4.3. Approche régionale pour un développement durable

L'AOS dont fait partie le Burkina Faso est la région qui rejette le moins de GES à ce jour. Toutefois, sa dépendance sur la biomasse comme source d'énergie contribue à l'essentiel de la déforestation. En effet, l'utilisation de la biomasse y assure 80% de la demande d'énergie et contribue à l'essentiel de la déforestation (CEDEAO-CSAO/OCDE, 2008).

Dans le cadre des Mécanismes de Développement Propre (MDP), cette partie de l'Afrique qui dispose d'un potentiel hydro-électrique, solaire et éolien important pourrait bénéficier de financement en vue de faire des choix en matière d'énergie qui prennent en compte les préoccupations environnementales et les enjeux climatiques actuels. Une approche régionale est donc à encourager en vue d'attirer les investissements et au regard du caractère partagé de la plupart des ressources surtout celles en eau (bassins fluviaux transfrontaliers).

En effet, l'Afrique de l'Ouest couvre la Communauté Économique des États de l'Afrique de l'Ouest, le Cameroun, le Tchad et la Mauritanie et sa spécificité réside dans l'interdépendance entre les pays constituants principalement en ce qui concerne la ressource en eau. C'est ainsi que le problème de la ressource en eau n'est pas essentiellement lié à un manque mais plutôt à la capacité et aux possibilités de mobiliser les ressources au moment et au lieu voulus. De plus, d'importantes réserves d'eau douce (plusieurs milliers de milliards de m^3) sont emmagasinées dans les nappes profondes des bassins sédimentaires (eaux fossiles) selon CEDEAO-CSAO/OCDE (2006). Il est donc question de mobilisation de moyens techniques et financiers pour leur exploitation qui théoriquement couvrira les besoins actuels et futurs de la région.

En effet, le niveau de prélèvement des ressources renouvelables en eau est actuellement de 11 milliards de m^3 sur les 1300 milliards de m^3 disponibles, soit moins de 1% exploitées à ce jour. La construction de barrages à envergure régionale serait donc une stratégie efficace et durable pour assurer la disponibilité en eau mais aussi pour la production de l'énergie électrique dans la perspective d'atténuer la dépendance vis-à-vis du pétrole. Ainsi, les bases pour une coopération régionale existent déjà avec l'Autorité du Bassin du Niger (ABN) créé en 1980 et l'Autorité du Bassin de la Volta (ABV) créé en 2007.

4.4. Autres mesures

Le Burkina Faso fait partie des pays les plus pauvres de la planète Terre. Il a une population à majorité analphabète et rurale. Pour ce faire, il est impératif de lutter en premier contre les maux qui pourraient inhiber les efforts de réduction de la vulnérabilité du pays aux CC globaux et à la VC régionale à savoir la pauvreté, l'analphabétisme, le VIH-SIDA, l'insécurité alimentaire et l'accès inégal aux ressources. En effet, une population éduquée et consciencieuse qui satisfait ses besoins élémentaires à savoir la santé, l'alimentation, le revenu monétaire, sera à même de s'engager durablement pour faire face aux effets des perturbations climatiques actuels et à venir. La promotion de l'éducation environnementale est dans ce contexte à encourager depuis la base de l'éducation afin de faire de chaque habitant un écocitoyen. L'engouement pour les campagnes de reboisement est dans ce contexte à soutenir continuellement afin de redonner un certain équilibre aux écosystèmes naturels du Burkina Faso. De même l'implication des communautés à la base dans la gestion des ressources naturelles est à encourager car tous ces facteurs influent dans la bonne gestion des ressources en eau.

CONCLUSION GÉNÉRALE

Depuis la décennie 1970, le Burkina Faso connait un processus de dégradation accéléré de ses conditions climatiques et environnementales. En témoignent les sécheresses dues à l'insuffisance pluviométrique et sa répartition inégale, les inondations provenant des pluies extrêmes, les vagues de chaleur vers la fin de la décennie 2000 et les nappes de poussières intenses à l'image de "smog" de plus en plus fréquentes. Ces aléas climatiques d'une fréquence et d'une intensité jadis faibles, connaissent de nos jours un caractère extrême par l'augmentation de leur fréquence et de leur ampleur. Le Burkina Faso étant potentiellement vulnérable en raison de sa position continentale et à la lisière du Sahara, une préparation pour y faire face s'impose naturellement. Le Nakanbé en tant que l'un des cours d'eau les plus sollicités ainsi que son bassin versant, sont les plus touchés par les activités anthropiques et donc les plus vulnérables dans ce contexte de VC. Les analyses de données climatiques ont en effet permis de mettre en évidence les aspects de cette vulnérabilité aux stations de Ouahigouya, Ouagadougou et Pô qui ont une zone d'influence sur ledit bassin.

D'une part, l'analyse statistique de comparaison simple de l'évolution des moyennes décennales de la pluviométrie aux stations de Ouahigouya, Ouagadougou et Pô a d'abord indiqué qu'à des décennies humides (1950 et 1960) se sont succédées des décennies sèches inédites (1970 et 1980) au point qu'à ce jour la pluviométrie n'a pas encore recouvrée sa pluviosité des années 1950 eu égard à la persistance de la sécheresse. Par exemple, la pluviométrie de la décennie 1980 montre des taux de changements de - 13,81% à Ouahigouya, -10,56% à Ouagadougou et -5,29% à Pô par rapport à la moyenne sur 1961-1990. De plus, la décennie 2000 se démarque comme la plus chaude de toutes.

Le test de tendance significatif de Mann-Kendall a ensuite montré des tendances annuelles significatives à la baisse pour la pluviométrie et à la hausse pour l'évapotranspiration potentielle aux stations de Ouahigouya et Ouagadougou, puis des tendances annuelles significatives à la hausse pour la température dans les stations de Ouahigouya, Ouagadougou et Pô au seuil de signification α= 0,05. L'analyse de ces tendances a par ailleurs révélé une forte variabilité saisonnière, interannuelle et multi-décennale surtout pour la pluviométrie. Toutefois, ces tendances restent relatives en raison de l'échelle temporelle de l'étude. D'après des études réalisées sur les causes probables de cette variabilité, ce sont les effets des changements de températures à la surface des océans, ceux du phénomène El Niño-Oscillation Australe (ENSO) et des boucles de rétroactions climatiques régionales entre les interfaces continentales et atmosphériques qui seraient les facteurs les plus en cause au niveau de l'Afrique Occidentale Sahélienne.

D'autre part, les perceptions locales recueillies auprès des populations de Bagré en aval du bassin du Nakanbé traduisent également l'observation d'une baisse et d'une irrégularité des pluies, d'une augmentation des sensations de chaleur contre une baisse de celles de fraicheur puis d'une augmentation de la puissance des vents. Toutes ces observations affectent selon elles leurs activités agricoles, de pêche, d'approvisionnement en eau potable, de pâturage et de cohabitation sociale.

Au regard de tous ces résultats, les enjeux se sont révélés d'une importance préoccupante. D'où les stratégies d'adaptation pour une meilleure gestion des ressources en eau autour de la politique de la GIRE, pour une meilleure conservation des eaux et des sols avec les pratiques endogènes d'atténuation de l'érosion, du ruissellement, de la dégradation et de l'appauvrissement des sols, puis pour une reforestation des espaces dégradés avec les campagnes de reboisements.

D'autres mesures sont toutefois à promouvoir notamment la collaboration à l'échelle régionale en vue de mieux gérer et valoriser les ressources partagées dans une perspective de développement propre et durable. Le fond Vert nouvellement adopté pour l'appui aux pays en voie de développement dans le cadre des stratégies d'adaptation aux CC, pourrait être d'une part un moyen de financements de projets de construction de barrages à envergure transfrontalière pour entre autres l'approvisionnement en eau potable et la production de l'hydro-électricité. D'autre part, ce fond devrait encourager l'élaboration de projets de développement de l'énergie éolienne et solaire en vue d'une diminution de l'usage des produits combustibles. Aussi, les prévisions saisonnières développées par le CILSS à l'échelle de l'Afrique Occidentale (PRESAO) ainsi que les multiples recherches en cours pour la compréhension de la mousson ouest-africaine (Analyse Multidisciplinaire de la Mousson Africaine, projet AMMA) seront d'un grand apport dans les efforts d'atténuation de la vulnérabilité des populations et pour leur adaptation à la VC.

Il serait donc très bénéfique de caractériser le bilan hydrologique du bassin de la rivière Nakanbé à l'aide par exemple du modèle simple calcul du bilan hydrique à deux paramètres de Thornthwaite et Mather en vue de mieux apprécier cet impact de la VC et du CC sur les ressources en eau. En effet, cette méthode qui demande peu de données d'entrée de modèle, modélise à pas de temps mensuel le bilan hydrique à l'échelle des bassins versants. Les deux variables d'entrée requises sont les précipitations et les températures ou les précipitations et l'évapotranspiration. Le débit est une troisième variable qui serait intéressante à prendre en compte en cas de disponibilité de données sur ce paramètre.

En plus, des projections pourraient être faites en fonction de différents scénarios d'évolution de la population, des activités agricoles, de la production hydroélectrique et de la dynamique du couvert végétal dans le bassin versant du Nakanbé. Ceci pourrait constituer un outil davantage puissant dans l'aide à la prise de décision pour la gestion durable des ressources du bassin et le développement durable du Burkina Faso, car l'eau est une ressource renouvelable irremplaçable et non substituable. Elle est vitale pour tout être vivant et pour l'ensemble des écosystèmes. De nos jours avec la problématique de la pollution et du dérèglement climatique, aucune région du monde encore moins les régions sahéliennes n'est à l'abri de pénuries d'eau ou d'inondations. Pour ce faire, la ressource est à protéger, à partager et à mettre avec la nouvelle vision internationale de l'eau qu'est la GIRE et l'avancée des recherches pour mieux cerner cette problématique du 21ème siècle.

RÉFÉRENCES BIBLIOGRAPHIQUES

1) ADDINSOFT (2010). XLSTAT, your data analysis solution : Enhance the analytical capabilities of Microsoft Excel. [Disponible en ligne] http://www.xlstat.com/fr/home/

2) AFOUDA, A., M. NIASSE et A. AMANI (2004). *Réduire la vulnérabilité de l'Afrique de l'Ouest aux impacts du climat sur les ressources en eau, les zones humides et la désertification : Éléments de stratégie régionale de préparation et d'adaptation.* UICN/Bureau Régional pour l'Afrique de l'Ouest, 17 p. [Disponible en ligne] www.app.iucn.org/dbtw-wpd/edocs/2001-068-FR/climate-impactsF-prelims.pdf

3) AFOUDA A., T. NDIAYE, M. NIASSE, L. FLINT et D. PURKEY (2007). Adaptation aux changements climatiques et gestion des ressources en eau en Afrique de l'Ouest. *Rapport de synthèse du WRITSHOP tenu du 21 au 24 février 2007*, 96 p.

4) ALBERGEL J. (1987). Sécheresse, désertification et ressources en eau de surface : application aux petits bassins du Burkina Faso. *IAHS Publ.* 168, 355-365.

5) BEAUD J.-P. (2009). L'échantillonnage. Dans : *Recherche sociale : de la problématique à la collecte des données*. GAUTHIER B. (sous la direction), Chap. 10, pp. 251-283.

6) BOULAIN N., B. CAPPELAERE, L. SÉGUIS, G. FAVREAU et J. GIGNOUX (2009). Water balance and vegetation change in the Sahel : a case study at the watershed scale with an eco-hydrological model. *Journal of Arid Environments*, 73, 1125-1135.

7) BRAUNER J.S. (1997). *Nonparametric Estimation of Slope : Sen's Method in Environmental Pollution*. Environmental Sampling & Monitoring Primer. [Disponible en ligne] http://www.cee.vt.edu/ewr/environmental/teach/smprimer/sen/sen.html

8) BURNS D.A., J. KLAUS et M.R. MCHALE (2007). Recent climate trends and implications for water resources in the Catskill Mountain region, New York, USA. *Journal of Hydrology*, 336, 155-170.

9) BYG A. ET J. SALICK (2009). Local perspectives on a global phenomenon-climate change in Eastern Tibetan villages. *Global Environnemental Change* 19, 156-166.

10) COMMUNAUTÉ ÉCONOMIQUE DES ÉTATS DE L'AFRIQUE DE L'OUEST (CDEAO-CSAO/OCDE, 2006). *Les bassins fluviaux transfrontaliers*. Atlas de l'intégration régionale en Afrique de l'Ouest. Série espaces, 20 p.

11) CDEAO-CSAO/OCDE (2008). *Le climat et les changements climatiques*. Atlas de l'Intégration Régionale en Afrique de l'Ouest. Série environnement, 23 p. [Disponible en ligne] http://www.fao.org/nr/clim/docs/clim_080502_fr.pdf.

12) CILSS-AGRHYMET (2010). *Le Sahel face aux changements climatiques : enjeux pour un développement durable*. Bulletin mensuel, numéro spécial, 43 p. [Disponible en ligne] http://www.agrhymet.ne/PDF/Bulletin%20mensuel/specialChC.pdf.

13) CHAOUCHE K., L. NEPPEL, C. DIEULIN, N. PUJOL, B. LADOUCHE, E. MARTIN, D. SALAS et Y. CABALLERO (2010). Analyses of precipitation, temperature and evapotranspiration in a French Mediterranean region in the context of climate change. *C.R. Geoscience*, 342, 234-243.

14) CHEN H., S. GUO, C.-Y. XU et V.P. SINGH (2007). Historical temporal trends of hydro-climatic variables and runoff response to climate variability and their relevance in water resource management in the Hanjiang basin. *Journal of Hydrology*, 344, 171-184.

15) DORE M.H.I. (2005). Climate change and changes in global precipitation patterns : What do we know? *Environnment International*, 31, 1167-1181.

16) FATICHI S. and E. CAPORALI (2009). Review a comprehensive analysis of change in precipitation regime in Tuscany. *Int. J. Climatol.*, 29, 1883-1893.

17) FU G., M.E. BARBER et S. CHEN (2010). Hydro-climatic variability and trends in Washington State for the last 50 years. *Hydrol. Process.* 24, 866-878.

18) GEOFFRION P. (2009). Le groupe de discussion. Dans : *Recherche sociale : de la problématique à la collecte des données.* GAUTHIER B. (sous la direction), Chap. 15, pp. 391-414.

19) GIEC (2007). *Bilan 2007 des changements climatiques.* Rapport de synthèse. 114 p. [Disponible en ligne] http://www.ipcc.ch/pdf/assessment-report/ar4/syr/ar4_syr_fr.pdf

20) GRAY L.C. et P. MORANT (2003). Reconciling indigenous knowledge with scientific assessment of soil fertility changes in southwestern Burkina Faso. *Geoderma*, 111, 425-437.

21) GUILLAUMIE R., C. HASSOUN, A. CHOURROUT et M. SCHOELLER (2005). La sécheresse au Sahel, un exemple de changements climatique. *Atelier Changement climatique ENPC-Département VET.* 40 p. [Disponible en ligne] http://www.enpc.fr/fr/formations/ecole_virt/trav-eleves/cc/cc0405/sahel.pdf.

22) HUANG Y., J. CAI, H. YIN et M. CAI (2009). Correlation of precipitation to temperature variation in the Huanghe River (Yellow River) basin during 1957-2006. *Journal of Hydrology*, 372, 1-8.

23) HUBERT P. (2008). Variabilité et changements hydrologiques aujourd'hui et demain. *Revue des sciences de l'eau*, 21, 2, 135-142. [Disponible en ligne] www.id.erudit.org/iderudit/018462ar

24) HULME M. (2001). Climatic perspectives on Sahelian dessication : 1973-1998. *Global Environmental Change*, 11, 19-29.

25) JULIEN F. (2006). Maîtrise de l'eau et développement durable en Afrique de l'Ouest : de la nécessité d'une coopération régionale autour des systèmes hydrologiques transfrontaliers. *VertigO, Revue en sciences de l'environnement*, 7, 2, 18 p.

26) KUMAR V. et S.K. JAIN (2010). Trends in seasonal and annual rainfall and rainy days in Kashmir Valley in the last century. *Quaternary International*, 212, 64-69.

27) LEBEL T. et T. VISCHEL (2005). Climat et cycle de l'eau en zone tropicale : un problème d'échelle. *C.R. Geoscience*, 337, 29-38.

28) LEBEL T. et A. ALI (2009). Recent trends in the Central and Western Sahel rainfall regime (1990-2007). *Journal of Hydrology*, 375, 52-64.

29) LEBEL T., B. CAPPELAERE, S. GALLE, N. HANAN, L. KERGOAT, S. LEVIS, B. VIEUX, L. DESCROIX, M. GOSSET, E. MOUGIN, C. PEUGEOT, L. SEGUIS (2009). AMMA-CATCH studies in the Sahelian region of West-Africa : An overview. *Journal of Hydrology*, 375, 3-13.

30) LE BLANC D. et R. PEREZ (2008). The relationship between rainfall and human density and its implications for future water stress in Sub-Saharan Africa. *Ecological Economics*, 66, 319-336.

31) LIANG L., L. LI et Q. LIU (2010). Temporal variation of reference evapotranspiration during 1961-2005 in the Taver River basin of Northeast China. *Agricultural and Forest Meteorology*, 150, 298-306.

32) LOUVET S. (2008). *Modulations intrasaisonnières de la mousson d'Afrique de l'Ouest et impacts sur les vecteurs du paludisme à NDIOP (Sénégal) : Diagnostics et prévisibilité*. Thèse de Doctorat, Université de Bourgogne, 212 p.

33) MAHE G., E. PATUREL, E. SERVAT, D. CONWAY et A. DEZETTER (2005). The impact of land use change on soil water holding capacity and river flow modelling in the Nakambe River, Burkina-Faso. *Journal of Hydrology*, 300, 33-43.

34) MAHE G. et J.E. PATUREL (2009). 1896-2006 : Sahelian annual rainfall variability and runoff increase of Sahelian Rivers. *C.R. Geoscience*, 341, 538-546.

35) MINISTÈRE DE L'AGRICULTURE, DE L'HYDRAULIQUE ET DES RESSOURCES HALIEUTIQUES (MAHRH, 2003). *Plan d'Action pour la Gestion Intégrée des Ressources en Eau (PAGIRE) du Burkina Faso*. Rapport Technique, 62p.

36) MAHRH (2004). *Proposition pour la redynamisation du comité pilote de gestion du bassin du Nakanbé*. Rapport Technique, 77p.

37) MAHRH (2006a). *État de mise en œuvre du Plan d'Action pour la Gestion Intégrée des Ressources en Eau (PAGIRE) du Burkina Faso : Mars 2003 - Juin 2006*. Rapport Technique, 25p.

38) MAHRH (2006b). *Capitalisation du processus d'élaboration du PAGIRE et de sa mise en œuvre au Burkina Faso*. Rapport Technique, 59p.

39) MAHRH (2009). *PAGIRE : Deuxième phase (2010-2015). Document d'opérationnalisation*, 51p.

40)   MAILHOT A. et S. DUCHESNE (2005). Impacts et enjeux liés aux changements climatiques en matière de gestion des eaux en milieu urbain. *VertigO, Revue en sciences de l'environnement*, hors série 1, 9 p. [Disponible en ligne] http://vertigo.revues.org/1931?file=1

41)   MARSILY G. (2008). Eau, changements climatiques, alimentation et évolution démographique. *Revue des sciences de l'eau*, 21, 2, 111-128. [Disponible en ligne] http://id.erudit.org/iderudit/018460ar

42)   MINISTÈRE DE L'ENVIRONNEMENT ET DU CADRE DE VIE (2007). *Programme d'Action National d'Adaptation à la variabilité et aux changements climatiques (PANA du Burkina Faso)*. Rapport final, 85 p.

43)   MINISTÈRE DE L'ENVIRONNEMENT ET DE L'EAU (2001). *Gestion Intégrée des Ressources en Eau : état des lieux des ressources en eau du Burkina Faso et de leur cadre de gestion*. Rapport final, 241 p.

44)   NICHOLSON S.E. (2000). The nature of rainfall variability over Africa on time scales of decades to millenia. *Global and Planetary Change*, 26, 137-158.

45)   NIELSEN O. J. et A. REENBERG (2010a). Cultural barriers to climate change adaptation : A case study from Northern Burkina Faso. *Global Environnemental Change*, 20, 142-152.

46)   NIELSEN O. J., A. REENBERG (2010b). Temporality and the problem with singling out climate as current driver of change in a small West African village. *Journal of Arid Environments*, 74, 464-474.

47)   OGUNTUNDE P.G., J. FRIESEN et N. van de GIESEN (2006). Hydroclimatology of the Volta River Basin in West Africa : Trends and Variability from 1901 to 2002. *Physics and Chemistry of the Earth*, 31, 1180-1188.

48)   OJO O., S.O. GBUYIRO et C.U. OKOLOYE (2004). Implications of climate variability and climate change for water resources availability and management in West Africa. *GeoJournal*, 61, 111-119.

49)   OUEDRAOGO Y. (2003). *Indices observables des changements climatiques dans les pays du CILSS : cas du Burkina Faso*. Mémoire de D.E.S.S., CEPAPE, 52 p.

50)   PERRIER A. et A. TUZET (2005). Le cycle de l'eau et les activités au sein de l'espace rural. Enjeux globaux, solutions locales et régionales. *C.R. Geoscience*, 337, 39-56.

51)   SAVOIE-ZJAC L. (2009). L'entrevue semi-dirigée. Dans : *Recherche sociale : de la problématique à la collecte des données*. GAUTHIER B. (sous la direction), Chap. 13, pp. 337-360.

52)   SEN P.K. (1968). Estimates of the Regression Coefficient Based on Kendall.s Tau. *Journal of the American Statistical Association* 63.324, 1379-1389.

53)   SIVAKUMAR M.V.K. (2007). Interactions between climate and desertification. *Agricultural and Forest Meteorology*, 142, 143-155.

54)   TEKA O. et J. VOGT (2010). Social perception of natural risk by local residents in developing countries–The example of the coastal area of Benin. *The Social Science Journal*, 47, 215-224.

55)   VAILLANCOURT J.-G. (2003). L'eau, enjeu vital pour le 21ème siècle. *VertigO- La revue en sciences de l'environnement*, 4, 3, 4 p.

56)   YANOGO P.I. (2006). *Grands aménagements hydrauliques et sécurité alimentaire au Burkina Faso : stratégies paysannes d'adaptations, cas de l'amont du barrage de Bagré*. Mémoire de D.E.A. Université d'Abomey Calavi. Bénin. 104 p.

57)   YU Y-S., S. ZOU et D. WHITTEMORE (1993). Non-parametric trend analysis of water quality data of rivers in Kansas. *Journal of Hydrology*, 150, 61-80.

58)   YUE S., P. PILON et G. CAVADIAS (2002). Power of the Mann-Kendall and Sperman's rho tests for detecting monotonic trends in hydrological series. *Journal of Hydrology*, 259, 254-271.

59)   ZHANG Q., C-Y. XU, Z. ZHANG, D.C. YONGQIN, C-l. LIU et H. LIN (2008). Spatial and temporal variability of precipitation maxima during 1960-2005 in the Yandtze River basin and possible association with large-scale circulation. *Journal of Hydrology*, 353, 215-227.

ANNEXE 1 : QUELQUES CONCEPTS UTILISÉS

1. **Adaptation (stratégie)** : ce sont des initiatives et mesures prises pour réduire la vulnérabilité des systèmes naturels et humains aux effets des changements climatiques réels ou prévus. On distingue plusieurs sortes d'adaptation : anticipative ou réactive, de caractère privé ou public, autonome ou planifiée. (Glossaire du GIEC, 2007). Au Burkina Faso par exemple, plusieurs stratégies d'adaptation jadis développées par les communautés paysannes en agriculture, ont été améliorées et vulgarisées par le gouvernement en réaction à différents chocs environnementaux (sécheresses, dégradation des terres).

2. **Agence de l'eau** : c'est un Groupement d'Intérêt Public (GIP) convenu entre l'Etat et les collectivités territoriales ayant compétence sur l'ensemble du bassin, définit comme espace de gestion des ressources en eau. Il a pour objet de valoriser le bassin hydrographique en tant que cadre approprié de planification et de gestion des ressources en eau par la coordination des actions y relatives et par la concertation afin de préparer et de mettre en œuvre dans les conditions optimales de rationalité, les orientations et les décisions prises dans le domaine de l'eau. (MEE, 2001). C'est le cadre administratif d'application de la politique internationale de gestion intégrée des ressources en eau.

3. **Agence de l'Eau du Nakanbé (AEN)** : c'est une structure mise en place pour la gestion intégrée, concertée, équitable et durable des ressources en eau dans le bassin du Nakanbé. Elle a été créée le 22 mars 2007 à Ziniaré, chef-lieu de la Région du Plateau-Central. Elle constitue la première agence de l'eau du Burkina Faso mais aussi de toute l'Afrique de l'ouest.

Elle se veut une concrétisation des dispositions de la loi d'orientation relative à la gestion de l'eau (loi n°002-2001/AN du 08 février 2001) et du document de politique et stratégies en matière d'eau, consacrant le principe de gestion par bassin hydrographique. (MAHRH, 2004). J'y ai fait mon stage de recherche sur le terrain de juin à août 2009 dans le cadre de cette thèse de maîtrise en études de l'environnement.

4. **Bassin versant** : c'est une région qui possède un exutoire commun pour ses écoulements de surface, (ANCTIL et *al.,* 2005). Dans le cadre de ma recherche, le choix s'est porté sur le bassin versant de la rivière Nakanbé situé au Burkina Faso.

5. **Changement climatique** : c'est la variation de l'état du climat, que l'on peut déceler (par exemple au moyen de tests statistiques) par des modifications de la moyenne et/ou de la variabilité de ses propriétés et qui persiste pendant une longue période, généralement pendant des décennies ou plus. Les changements climatiques peuvent être dus à des processus internes naturels, à des forçages externes ou à des changements anthropiques persistants dans la composition de l'atmosphère ou dans l'utilisation des terres. (Glossaire du GIEC, 2007). Toutefois au Burkina Faso, on ne parle pas véritablement de CC du fait que les recherches n'ont pas encore permis d'établir un lien entre le réchauffement climatique et les variations climatiques observées.

6. **Mousson** : c'est l'inversion saisonnière tropicale et subtropicale des vents au sol et des précipitations associées, due à l'échauffement différentiel entre une masse continentale et l'océan adjacent. Les pluies de mousson se produisent principalement au-dessus des terres en été. (Projet AMMA). La pluviométrie annuelle du Burkina Faso est par exemple reliée à la mise en place, à la force et à l'intensité de cette mousson (mousson ouest-africaine).

7. **Normale climatique** : c'est une période climatologique standard d'au moins trente années consécutives de calculs de moyennes de données climatiques selon l'Organisation Météorologique Mondiale. En effet, cette organisation estime qu'une période de trente années suffit à éliminer les variations qui surviennent d'année en année. Au Burkina Faso, la normale 1961-1990 est la plus utilisée.

8. **Sahel** : le Sahel est défini sur le plan climatique d'après l'Atlas de l'intégration régionale en Afrique de l'Ouest, comme la zone comprise entre les isohyètes 200 et 600 mm par an avec une saison des pluies ne dépassant pas 03 mois et des pluies irrégulières d'une année à l'autre. Une partie du Nord du Burkina Faso fait partie de cette frange sahélienne de l'Afrique Occidentale.

9. **Sécheresse** : elle est perçue comme une absence prolongée ou une insuffisance marquée des précipitations, une insuffisance des précipitations entraînant une pénurie d'eau pour certaines activités ou certains groupes ou une période de temps anormalement sèche et suffisamment longue pour que le manque de précipitations cause un déséquilibre hydrologique sérieux. (Glossaire du GIEC, 2007). Le Burkina Faso a connu des sécheresses dévastatrices en 1972-1973 et 1983-1984.

10. **L'aridification** représente la conséquence de répétition de périodes de sécheresse et précède **la désertification** qui est une forme d'aridification locale prononcée. (Glossaire du GIEC, 2007).

11. **Station synoptique** : il s'agit selon la Direction de la Météorologie du Burkina Faso, de l'échelle de travail de la plupart des météorologues et climatologues. Les paramètres qui s'y mesurent sont les précipitations, les températures (maximales et minimales), l'insolation, le vent (la direction et la vitesse), l'évaporation, l'humidité, etc. Les enregistrements suivent un

calendrier horaire mais les données fournies au public sont généralement consignées dans des tableaux climatologiques mensuels pour les usages statistiques courants. Pour ma recherche, j'ai travaillé sur les stations synoptiques de Ouagadougou, de Ouahigouya et de Pô avec des données mensuelles et annuelles.

12. **Stress hydrique** : un pays est soumis à un stress hydrique lorsque la nécessité d'une alimentation en eau douce assurée par prélèvement d'eau est un frein au développement. (Glossaire du GIEC, 2007). Le Burkina Faso fait partie des pays qui subissent un stress hydrique selon le GIEC (2007).

13. **Variabilité du climat** : ce sont des variations de l'état moyen et d'autres variables statistiques (écarts types, phénomènes extrêmes, etc.) du climat à toutes les échelles temporelles et spatiales au-delà de la variabilité propre à des phénomènes climatiques particuliers. (Glossaire du GIEC, 2007). Nous utiliserons ce concept dans le cas du Burkina Faso, car la VC est une situation assez normale dans les zones semi-arides à arides mais aussi parce-que les chercheurs n'ont pas encore établi un lien entre les variations climatiques observées en AOS et le réchauffement climatique.

14. **Vulnérabilité** (aux CC) : il s'agit de mesure dans laquelle un système est sensible ou incapable de faire face aux effets défavorables des CC, y compris la variabilité du climat et les phénomènes extrêmes. La vulnérabilité est fonction de la nature, de l'ampleur et du rythme de l'évolution et de la variation du climat à laquelle le système considéré est exposé, de la sensibilité de ce système et de sa capacité d'adaptation. (Glossaire du GIEC, 2007). Le Burkina Faso est reconnu pour être vulnérable aux CC comme la plupart des pays africains.

ANNEXE 2 : GUIDES D'ENTRETIENS SEMI-DIRIGÉS

1. GUIDE GÉNÉRAL

1.1. Perception et connaissance locales par rapport aux changements environnementaux et climatiques.

1) Parlez-nous de l'évolution de votre environnement aujourd'hui par rapport au passé le plus lointain possible. Évolution des sols, du couvert végétal, des ressources en eau, de la faune, des activités socio-économiques.

2) Faites-vous face à des phénomènes récurrents et intenses de pénurie d'eau, d'inondation, de variation de la chaleur ou du froid, de la puissance des vents, de la poussière (tempêtes de sables, smog de poussière)?

3) Quelle est la durée des saisons hivernales et sèches dans votre localité? a-t-elle évolué c'est-à-dire, les saisons sont-elles devenues plus longues, plus courtes ou pas de changement?

4) Quelle appréciation faites-vous du climat présent par rapport au climat dans un temps reculé? la chaleur a-t-elle augmenté ou diminué? Et le froid? Les pluies sont-elles abondantes ou en baisse? Et les vents violents, secs, chauds, humides?

5) Vous souvenez-vous de phénomènes climatiques exceptionnels? De bonnes saisons pluvieuses? Des sécheresses (1972-73 et 1983-83 par exemple)? Des inondations ? Des coups de chaleur ou de froid? Des vents violents, des tempêtes de sable, de grandes poussières?

6) Sentez-vous ces phénomènes venir ou arrive-t-il qu'ils vous surprennent?

7) Quelle est la nature de ces phénomènes? Brusque? Progressive?

8) Quelle estimation pouvez-vous faire de la durée de recouvrement de l'état du climat habituel? ou bien faites-vous face par moment à une dégradation continue?

1.2. Disponibilité et approvisionnement en eau.

1) Parlez-nous de l'évolution de la disponibilité de l'eau dans la localité?

2) Avez-vous un accès à l'eau (potable)? Accès facile? Toute l'année?

3) Où vous approvisionnez-vous en eau de consommation? (bornes fontaines, puits modernes/traditionnels, forage, mares/marigots, barrages (Bagré).

4) Est-ce que les sources d'eau naturelles mais aussi artificielles tarissent? Si oui, à quel moment de l'année? Cela a-t-il toujours été ainsi?

5) Existe-t-il des conflits d'usage entre les différents utilisateurs de la ressource en eau? si oui, pourquoi? (forte population? multiples usages? manque d'eau?)

6) Quels sont les problèmes qui affectent vos ressources en eau? (quantité, qualité, distribution, pérennité)

7) Quels sont les problèmes de gestion des ressources en eau rencontrés?

8) Que savez-vous de la Gestion Intégrée des Ressources en eau (GIRE) ?

9) Pensez-vous qu'elle peut aider à la résolution des problèmes liés à l'eau?

10)   Que pouvez-vous dire par rapport à la fonctionnalité des ouvrages hydrauliques comme les forages, les puits (nombre, profondeur, débit).

11)   Quelles suggestions pouvez-vous faire pour améliorer l'accès à l'eau ainsi que la disponibilité quantitative et qualitative de la ressource?

1.3. Effets de la variabilité climatique sur les ressources naturelles et les activités agro-sylvo-pastorales

1) Avez-vous été ou vous sentez-vous affecté par les changements que vous avez observé au niveau du climat?

2) Quels sont selon vous les effets observables de ces changements dans environnement de vie?

3) Comment voyez-vous l'avenir de votre localité ou d'autres régions du Burkina Faso si ces changements perdurent? (disponibilité en eau, sécurité alimentaire, cohésion sociale, conservation de la biodiversité, santé humaine et écologique?)

1.4. Mesures d'atténuation et /ou d'adaptation au niveau local & Perspectives.

1) Connaissez-vous des mesures d'atténuation et/ou d'adaptation aux effets des CC ?

2) Quelles sont celles qui sont mises en place au niveau local ?

3) Que pensez-vous de chacune de ces mesures ? Sont-elles basées sur des initiatives locales ou d'un apport extérieur à votre territoire?

4) Que faut-il faire de plus selon vous face aux effets des changements environnementaux et climatiques sur les ressources naturelles?

5) Que proposez-vous pour une application efficiente de la GIRE ?

6) Quels sont les avantages et les inconvénients de présence d'une portion du barrage de Bagré dans votre localité?

2. GUIDE SPÉCIFIQUE AUX AGRICULTEURS

1) Êtes-vous natif de Bagré?

2) Quel type d'agriculture pratiquez-vous? (agriculture pluviale, maraîchage, irrigation)

3) Quelles autres activités pratiquez-vous en plus? (élevage, pêche, artisanat, commerce).

4) Parlez-nous de votre système et de vos techniques de production agricole?

5) Comment appréciez-vous l'évolution du calendrier agricole?

6) Quels sont les problèmes que vous rencontrez dans la pratique de l'agriculture?

7) Quelles sont les effets des changements climatiques observés sur vos activités agricoles? Que faites-vous ou pouvez-vous faire pour réduire la vulnérabilité de vos activités agricoles à ces effets?

8) Quelle appréciation pouvez-vous faire de la conservation de l'eau dans les champs? (infiltration, ruissellement, évaporation).

9) Connaissez-vous des stratégies d'adaptation aux changements observés? (gestion topographique des cultures? développement des techniques de conservation des eaux et des sols (utilisation des cordons pierreux, de cordons végétalisés, du zaï, des demi-lunes, de la Régénération Naturelle Assistée, des digues, du paillage)? Association de cultures? choix variétaux? extension des champs ou intensification de la production? diversification des activités?).

3. GUIDE SPÉCIFIQUE AUX ÉLEVEURS

1) D'où êtes-vous originaire?

2) Quel type d'élevage pratiquez-vous? Extensif (Nomadisme? Sédentarisme?), semi-intensif, intensif?

3) Où abreuvez-vous vos animaux? étaient-ce les mêmes points d'eau à ce jour?

4) Ces points d'eau tarissent-ils?

5) Quelles autres activités pratiquez-vous ? (agriculture, pêche, autres).

6) Quels sont les problèmes que vous rencontrez dans la conduite de votre activité (abreuvement et pâturage du cheptel) selon les saisons?

7) Quelle est la nature de vos relations avec les autres acteurs? Conviviale? Conflictuelle?

8) Quels sont les facteurs ou autres activités qui ont un impact sur votre activité ?

9) Que faites-vous ou pouvez-vous faire pour réduire la vulnérabilité de vos activités pastorales aux effets des changements observés?

10)   Que pensez-vous de la GIRE ? Quel rôle pouvez-vous jouer dans ce sens?

4. GUIDE SPÉCIFIQUE AUX PÊCHEURS

1) Êtes-vous originaires de la région?

2) Pratiquez-vous la pêche toute l'année? Au niveau du plan d'eau seulement ou dans d'autres points de la rivière Nakanbé?

3) Pratiquez-vous d'autres activités? (agriculture, élevage, autres).

4) Quelle appréciation pouvez-vous faire par rapport aux prises en matière de quantité mais aussi de diversité depuis que vous pratiquez cette activité?

5) Le vent, la chaleur, le froid, le niveau d'eau ont-ils un impact sur les prises?

6) À quelle période de l'année observez-vous le faible niveau du lac? Quel est son impact sur les prises?

7) Est-ce que vous constatez un ensablement du plan d'eau?

8) Quels sont les problèmes que vous rencontrez dans la conduite de votre activité?

9) Quels sont vos rapports avec les autres acteurs? Pensez-vous que les autres activités ont une incidence sur le plan d'eau (pollution par les pesticides agricoles, ensablement par l'érosion, etc.)?

10)   Les états diagnostics au niveau national parlent de comblement des cours d'eau et baisse de leur débit? Que remarquez-vous pour le Nakanbé et au niveau du barrage de Bagré?

11)   Quel avenir pour la pêche dans ce contexte?

12)   Que faites-vous ou proposez-vous pour faire face aux enjeux de votre filière?

13)   Avez-vous entendu parler de la GIRE? comment y percevez-vous votre rôle?

5.   GUIDE SPÉCIFIQUE AUX FEMMES

1) Quelles sont les activités que vous menez? Agriculture pluviale et/ou de contre-saison (maraîchage, irrigation)? Préparation et vente de dolo? Fabrication de soumbala?

2) Pouvez-vous nous parler de vos besoins en eau pour vos activités commerciales (préparation du dolo et fabrication du soumbala) mais aussi pour les besoins journaliers de consommation familiale ?

3) Connaissez-vous des problèmes de disponibilité et d'accès à l'eau?

4) Avez-vous un accès à l'eau potable? Accès facile? Toute l'année?

5) Où vous approvisionnez-vous en eau? (bornes fontaines, puits modernes ou traditionnels, forage, mares ou marigot, autres).

6) Comment pouvez-vous apprécier la disponibilité en eau dans la localité avec le temps? Partez-vous davantage loin des concessions pour vous approvisionnez en eau ou non? Existe-t-il des conflits entre les femmes (causes, fréquence et ampleur) lors de l'approvisionnement quotidien?

7) Est-ce que les sources d'eau où vous vous approvisionnez tarissent ? Si oui, à quelle période de l'année ?

8) Quelles sont les conséquences pour la vie familiale et économique?

9) Selon vous, quels sont les problèmes dans la gestion de l'eau?

10) Que pensez-vous de la GIRE et comment percevez-vous votre contribution dans son application?

11) Utilisez-vous l'eau du barrage? Si oui, à quelles fins?

12) Que vous apporte la présence de ce barrage?

6. **GUIDE SPÉCIFIQUE AUX AGENTS DE TERRAIN**

1) Que pensez-vous de la problématique des changements climatiques?

2) Que pouvez-vous dire de la GIRE et de son application dans la localité?

3) Quelle est selon vous la contribution de la GIRE dans le contexte des changements et de la variabilité climatiques?

4) Quels sont les avantages et les inconvénients de la mise en eau du barrage de Bagré pour la localité?

5) Quelle appréciation faites-vous de l'Approvisionnement en Eau Potable (AEP) dans la zone de Bagré?

6) Comment évolue la demande et l'offre en eau dans la localité?

7) Est-il facile de réaliser des infrastructures hydrauliques comme les forages et les puits dans la localité?

8) Pensez-vous qu'avec la variabilité climatique, les activités développées dans la zone pourront se poursuivre?

9) Quelles sont les activités qui étaient menées avant l'aménagement du barrage?

10) On parle de gaspillage d'eau au niveau des périmètres irrigués. Qu'en est-il?

11) L'agriculture aurait un risque de comblement du barrage puis de menace de la disponibilité en eau. Qu'en pensez-vous?